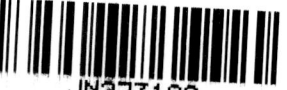

哺乳動物の発生工学

佐藤英明
河野友宏
内藤邦彦
小倉淳郎
[編著]

尾畑やよい
宮野　隆
平尾雄二
種村健太郎
柏崎直巳
川原　学
濱野光市
長嶋比呂志
三谷　匡
徳永智之
今井　裕
若山照彦
髙岸聖彦
[著]

朝倉書店

執　筆　者

佐《さ》藤《とう》英《えい》明《めい》*	東北大学名誉教授
尾《お》畑《ばた》やよい	東京農業大学生命科学部
宮《みや》野《の》隆《たかし》	神戸大学大学院農学研究科
平《ひら》尾《お》雄《ゆう》二《じ》	農研機構畜産研究部門
種《たね》村《むら》健《けん》太《た》郎《ろう》	東北大学大学院農学研究科
柏《かしわ》崎《ざき》直《なお》巳《み》	麻布大学獣医学部
川《かわ》原《はら》学《まなぶ》	北海道大学大学院農学研究院
濱《はま》野《の》光《こう》市《いち》	信州大学農学部
小《お》倉《ぐら》淳《あつ》郎《お》*	理化学研究所バイオリソースセンター
長《なが》嶋《しま》比《ひ》呂《ろ》志《し》	明治大学農学部
三《み》谷《たに》匡《たすく》	近畿大学先端技術総合研究所
内《ない》藤《とう》邦《くに》彦《ひこ》*	東京大学大学院農学生命科学研究科
徳《とく》永《なが》智《とも》之《ゆき》	農研機構生物機能利用研究部門
今《いま》井《い》裕《ひろし》	京都大学大学院農学研究科
若《わか》山《やま》照《てる》彦《ひこ》	山梨大学生命環境学部
髙《たか》岸《ぎし》聖《きよ》彦《ひこ》	北里大学獣医学部
河《こう》野《の》友《とも》宏《ひろ》*	東京農業大学生命科学部

*は編著者，執筆順.

序

発生工学は，20 世紀において生殖細胞，胚，ES 細胞および遺伝子などの操作技術の進展とそれらのドッキングにより誕生した領域であり，21 世紀においても進展し続けている．発生工学という用語はわが国でつくられたものであるが，今ではマウスの発生工学は生命科学に大きな影響をもつようになった．また発生工学の対象はマウスだけでなく，家畜や実験動物に加えて，広く無脊椎動物や哺乳動物以外の脊椎動物も含まれるが，特に農学では家畜を対象とする発生工学が進展し，医薬品生産や臓器生産など家畜に新しい価値を付与する技術開発が進み，新しい産業を誕生させるまでに成長している．

こういった哺乳動物の発生工学の発展を背景として，農学分野では，発生工学は 1 つの研究教育領域をなし，講義科目としても定着しつつある．生命工学の一部として扱われることもあり，大学教育においては学部教育のみならず広く教養科目の一部をなすようにもなっている．このような中で学生教育に広く使われる教科書が求められている．

2002 年に『動物発生工学』が刊行され，その後，2008 年には iPS 細胞に関する記述を追加して第 2 刷が発行された．『動物発生工学』は舘　鄰教授（東京大学）の献身的な努力と，舘教授の後任となられた東條英昭教授の強い意志によって編集が継続され，出版に至った．そして『動物発生工学』は，各方面で高い評価を得るとともに農学領域の研究者や学生に広く教科書として使われてきた．一方で，一部からは学部学生対象の教科書としては量が多く，難解な記述もみられたので，ポイントを絞るとともにより明解なものにしてほしいとの要望も受けてきた．

2012 年，『動物生殖学』が『新動物生殖学』として改訂され，「家畜人工授精論」の講義にも対応しうる教科書となった．このような状況変化に対応して，『動物発生工学』の評価をふまえ，家畜，実験動物に絞った『哺乳動物の発生工学』とし，農学系学部学生に発生工学の基本的知識を教授する教科書として出版することとなった．『動物発生工学』の主たる編集者であった舘教授は残念ながら亡くなられたが，今回は，舘教授および東條教授の研究室を引き継いだ内藤邦彦教授，動物発生工学研究で世界的偉業を成し遂げた河野友宏教授（東京農業大学），小倉淳郎博士（理化学研究所），そして最初の編者の 1 人であった佐藤英明（東北大学名誉教授，刊行時・家畜改良センター理事長）を新たな編者とし，農学系学部学生対象の講義科目に対応し，計 15 回の講義に資する教科書を作成した.

理学領域では哺乳類と呼ぶ場合が多いようであるが，農学領域ではマウスや家畜を哺乳動物と呼ぶ例が多いため，農学領域での呼び方に合わせて本書のタイトルを『哺乳動物の発生工学』とした．また『動物発生工学』で１つの章として取り上げた，発生工学の歴史，バイオテクノロジーの倫理の章は今回の『哺乳動物の発生工学』では割愛した．この章は舘教授が執筆されたものであるが，改訂しなくとも舘教授の文章は時代を超えて生き続ける記述であり，かつ舘教授にしか書くことができない内容であると判断したことにもある．この章については必要に応じて『動物発生工学』を参照していただきたい．舘教授は胸ポケットに数珠を密かにもつ仏典の解釈にも詳しい研究者だった．今改めて「バイオテクノロジーの倫理」を読むと舘教授の言動が思い出される.

今回の『哺乳動物の発生工学』は研究の第一線で活躍する新進気鋭の研究者を多くリクルートし，最新の内容をも盛り込んで執筆されたものである．学部学生のみならず，大学院学生，研究者にとっても有益な教科書となったと思っている．2002 年に『動物発生工学』が出版されて以降，ゲノムインプリンティングに関する研究が進み，発生を理解する上で重要な概念になりつつある．ゲノムインプリンティングについての理解とともに，このような概念の下で新たに進みつつある発生学や発生工学を展望することも重要と考える．河野教授には発生学や発生工学の近未来を展望していただいた．これも本書の１つの特色である．一方，本書では哺乳動物に絞ったため，家禽と魚類に関しては割愛した．家禽や魚類においても発生工学は急速に進展し，それぞれ内容豊富な領域となっている．本書から家禽や魚類を割愛したのは，今回の『哺乳動物の発生工学』に続き「家禽の発生工学」,「魚類の発生工学」と題する教科書が出版されることを期待したことにもよる.

『動物発生工学』のまえがきは次のような文章で締めくくられている．「若い学生諸君が本書を通じて，発生工学の広大な分野を展望し，その，壮大な可能性に夢を馳せる足がかりを得ることができれば，編集者一同にとって望外の喜びである」.『動物発生工学』の出版後，発生工学分野の若手研究者の活躍はめざましい.『動物発生工学』の前書きの文章を再度用い，若い世代へのエールとしたい.

2014 年 3 月

編者を代表して　佐 藤 英 明

目　　次

1.　発生工学の基礎……〔佐藤英明〕…1
1.1　はじめに……1
1.2　生殖細胞の形成……2
1.3　受精と発生……4
1.4　初期胚の発生……5
1.5　着　床……6
1.6　器官の発生……7
1.7　発生工学における規制……10

2.　発生学とエピジェネティクス……〔尾畑やよい〕…13
2.1　エピジェネティクスとは……13
2.2　エピジェネティクスで説明される生命現象……14
2.3　エピジェネティック修飾……16

3.　卵子の IVGMFC……〔宮野　隆・平尾雄二〕…27
3.1　はじめに……27
3.2　卵母細胞の発育と卵胞の発達……28
3.3　IVG の周辺技術（IVM，IVF，IVC）……30
3.4　卵子の IVGMFC……34
3.5　今後の展望……39

4.　胚の全胚培養……〔種村健太郎〕…41
4.1　はじめに……41
4.2　全胚培養の歴史……41
4.3　自動送気型回転式胎仔培養装置による全胚培養……42
4.4　催奇形性試験，実験発生学，発生工学への応用……44

4.5　おわりに……45

5.　卵子および胚の超低温保存……〔柏崎直巳〕…47
5.1　はじめに……47
5.2　生殖関連細胞の超低温保存の意義……47
5.3　生殖関連細胞の超低温保存の歴史……48
5.4　卵子および胚の超低温保存法……49
5.5　卵子および胚の超低温保存後の生存性に影響を及ぼす要因……52
5.6　超低温保存によって生じる卵子や胚の傷害……56
5.7　ウシ胚盤胞の凍結保存法……58
5.8　マウス未受精卵のガラス化保存……60
5.9　その他の卵子の超低温保存法……61

6.　単為発生……〔川原　学〕…62
6.1　哺乳類の生殖……62
6.2　単為発生とは……62
6.3　哺乳類における単為発生誘導法……63
6.4　二倍体化処理について……65
6.5　単為発生胚の発生能……65
6.6　単為発生胚とゲノムインプリンティング……67
6.7　卵子ゲノムのみからなる個体発生系……68
6.8　核移植と単為発生……70

7.　雌雄の産み分け……〔濱野光市〕…73
7.1　哺乳動物の雌雄産み分け……73
7.2　X，Y精子の分離……74
7.3　胚の性判別……80
7.4　雌雄産み分け技術の可能性……82

8.　顕微授精……〔小倉淳郎〕…83
8.1　はじめに……83

8.2　顕微授精の種類……84
8.3　各種動物の顕微授精……84
8.4　顕微授精の応用……88

9.　トランスジェニック動物の作製……〔長嶋比呂志〕…94
9.1　トランスジェニック動物とは……94
9.2　トランスジェニック動物作出の研究上の目的と意義……94
9.3　トランスジェニック動物の応用……95
9.4　トランスジェニック動物の生産技術……97

10.　ES 細胞の遺伝子改変……〔三谷　匡〕…103
10.1　相同遺伝子組換え……103
10.2　遺伝子破壊（ノックアウト）……106
10.3　遺伝子置換（ノックイン）……112
10.4　ジーントラップ……113
10.5　遺伝子ノックダウン……115
10.6　遺伝子改変 ES 細胞の共同利用……116

11.　遺伝子ノックアウト動物の作製……〔内藤邦彦〕…118
11.1　KO 動物作製法の種類……118
11.2　相同組換えを利用した遺伝子ターゲティング……119
11.3　ES 細胞を用いた KO 動物の作製……120
11.4　ES 細胞以外の培養細胞を用いた KO 動物の作製……122
11.5　人工ヌクレアーゼを用いた遺伝子ターゲティング……123
11.6　人工ヌクレアーゼを用いた KO 動物の作製……127
11.7　コンディショナル KO 動物の作製……128
11.8　ダブル KO 動物，トリプル KO 動物の作製……129

12.　ES 細胞の樹立……〔徳永智之〕…133
12.1　ES 細胞の成り立ち……133
12.2　ES 細胞の樹立・維持に関わる分子機構……135

12.3 ES 細胞株の不均一性……136
12.4 マウス以外の ES 細胞……138
12.5 ES 細胞研究の今後の展開……141

13. iPS 細胞の樹立と細胞分化……〔今井 裕〕…143
13.1 iPS 細胞がつくられた背景……143
13.2 iPS 細胞の樹立方法……144
13.3 iPS 細胞の樹立と維持におけるリプログラミング因子の役割……150
13.4 マウスとヒト以外の動物種における iPS 細胞の樹立……151
13.5 iPS 細胞の細胞分化……153
13.6 iPS 細胞の利用と残された課題……154

14. 核 移 植……〔若山照彦〕…156
14.1 クローン動物の歴史……156
14.2 クローン動物の異常……159
14.3 成功率改善の試み……160
14.4 核移植技術の応用……162
14.5 クローン ES 細胞について……164

15. 実験動物を用いた発生工学技術開発について……〔小倉淳郎〕…166
15.1 はじめに……166
15.2 実験動物における発生工学技術開発の現状と課題……168

16. 畜産学・獣医学における発生工学応用の現況……〔髙岸聖彦〕…173
16.1 体外胚生産……173
16.2 顕微授精……174
16.3 卵子および初期胚の凍結保存……176
16.4 核移植……177
16.5 雌雄の産み分け……179
16.6 多能性幹細胞……180
16.7 遺伝子改変動物……181

17．新しい発生工学への展望……………………………〔河野友宏〕…184
17.1　はじめに……………………………………………………184
17.2　幹細胞からの生殖細胞生産………………………………185
17.3　ライブセルイメージング…………………………………188
17.4　分子生物学的情報の網羅的取得…………………………191
17.5　まとめ……………………………………………………194

索　　引……………………………………………………………197

1

発生工学の基礎

1.1 はじめに

20世紀の終わり（1997年）に発生工学の代表ともいえる体細胞クローン誕生が報告され，社会に大きなインパクトを与えたが，発生工学（developmental biotechnology）という用語は1980年代にわが国でつくられたものである[1)]．1984年に『発生工学』と題する本が出版され[2)]，その後用語として定着した．その頃のわが国は，哺乳動物胚操作が農学や医学分野で盛んに行われた時期であり，さらに強力な推進が望まれた時代に誕生した用語でもあった．一方欧米では，embryo-biotechnologyという用語が使われている[3)]．

発生工学は，胚操作技術を基盤として遺伝子・細胞操作技術と組み合わせ，自然界には存在しない動物個体を人為的に作出し，個体形成における遺伝子機能の解析を行ったり，人類に有用な動物を人為的に作出する分野を指す．発生工学の領域では，体外受精・顕微授精，胚移植，配偶子や胚の凍結保存，胚の遺伝子診断，雌雄の産み分け，キメラ，遺伝子導入，ES細胞・iPS細胞，遺伝子ノックアウトなどが進展してきた．なお生殖工学という領域もあり，名を冠した研究会もあるが，会則[4)]などをみる限り発生工学と重なる領域も多く，発生工学と生殖工学の違いを明確に述べることは難しい．

発生工学を学ぶ場合，発生学の基礎知識，特に生殖細胞系列や生殖巣（生殖腺）の形成について理解があることが望まれる．すなわち，生殖細胞の形成，受精，初期胚発生，3つの胚葉の形成，神経胚および体節の形成，原腸および中間中胚葉の形成，体節の形成，生殖巣（生殖腺）の形成について，基礎知識をもつことを薦める．

1.2　生殖細胞の形成

生物の体をつくる細胞には2種類ある．1つは個体の生命を維持するために機能し，個体の生命と運命をともにする細胞で，体細胞という．もう1つは永遠に不死ということもできる細胞，すなわち生殖細胞（germ cell）である．有性生殖を行う動物では，生殖細胞（精子や卵子）は合体（受精）して胚となり，胚の一部の細胞が始原生殖細胞に分化し，始原生殖細胞は生殖巣に移動し，生殖巣の体細胞の影響を受けて精子や卵子に分化する．そして精子は雌の体内（腟）に射出され，排卵されて卵管膨大部に移動した卵子と合体（受精）し，次世代の個体と生殖細胞をつくる．生殖細胞の形成過程では減数分裂が誘導され，半数体の生殖細胞が形成される．減数分裂によりランダムな染色体の組み合わせが生じ，さらに相同染色体間で遺伝子の交換が起こり，多様な遺伝子構成をもつ生殖細胞が形成される．

1.2.1　精子形成

精子は精巣の精細管でつくられる．精細管内には，精子形成（spermatogenesis）に直接関与する生殖細胞と，これを支持するセルトリ細胞が存在する．成熟個体では，精細管の周辺から管腔に向かって精子が形成される一連の過程がみられる．精子形成は，精子発生（spermatocytogenesis）と精子完成（spermiogenesis）の2つの過程に分類できる．精子発生は精祖細胞の有糸分裂（体細胞分裂）に始まり，精母細胞の減数分裂によって精子細胞がつくられるまでの過程であり，精子完成は精子細胞が精子に変態する過程である．

精祖細胞は自己再生しながら有糸分裂を繰り返し，A型から中間型を経てB型に移行する．B型精祖細胞はさらに有糸分裂をして，1次精母細胞を形成する．1次精母細胞はDNA含量を2倍に増やし，核や細胞質を増大させる．その後，1次精母細胞は減数分裂を開始し，1回目の分裂により2個の2次精母細胞をつくり，続いて起こる2回目の分裂で4個の精子細胞が誕生する．

続いて精子細胞は精子へと変態する精子完成過程に入る．精子完成過程では，①先体の形成，②尾部の形成，③ミトコンドリア鞘の形成，④クロマチンの凝縮と頭部への局在（核タンパク質ヒストンのプロタミンへの置換も誘導）が起きる．精子完成の終わりには，精子細胞は細胞質の大部分を残余小体として精細管に残し，精細管腔へ放出され精子となる．

1.2.2　卵子形成

卵子形成も原則的には精子形成と同じである．しかし精祖細胞は個体のほぼ全生涯にわたって増殖するが，卵祖細胞の増殖期は短く，出生前後には増殖を停止している．卵子形成は卵胞の中で誘導される．卵祖細胞が卵胞（原始卵胞）に包まれ，減数分裂に入り 1 次卵母細胞となる．そして減数分裂は休止し，卵胞細胞から栄養分などを取り入れて卵黄質として蓄積し肥大する．個体が性成熟すると 1 次卵母細胞は減数分裂を再開し，染色体数を半減させるとともに第 2 減数分裂中期に移行し，排卵され受精可能となる．この排卵された卵母細胞は，卵子と呼ばれる．

1 次卵母細胞が減数分裂によって 2 個の細胞に分裂すると，一方は 2 次卵母細胞，もう一方は第 1 極体となる．さらに引き続く分裂によって，卵子と第 2 極体がつくられる．第 1 極体を放出した 2 次卵母細胞は第 2 減数分裂に入るが，中期まで進んでそこで停止する．減数分裂が再開し，第 2 減数分裂中期に至る過程を卵成熟（oocyte maturation）と呼ぶ（**図 1.1**）．排卵された卵子が受精すると第 2 分裂中期で停止していた減数分裂は再開し，分裂を進行させる．したがって，第 2 極体の放出は精子が進入した後に行われ，減数分裂は受精の後完了する．

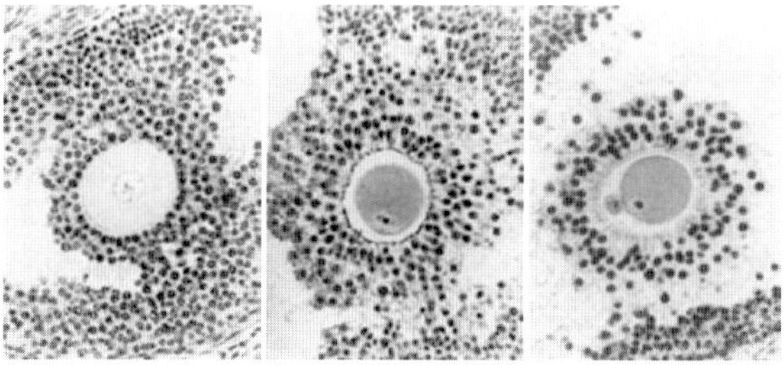

図 1.1　マウスの卵成熟

性成熟した個体の卵巣で大きく発達した卵胞（グラーフ卵胞）の中で，卵母細胞は卵核胞をもち，周囲を密な卵母細胞に取り囲まれている（A）．このような卵母細胞は LH の作用により卵核胞を崩壊し，第 1 分裂中期に至り（B），さらに極体を放出して第 2 減数分裂中期に移行し，分裂を休止する（C）．卵子は排卵されて卵管膨大部に移動し，精子を待つ．卵成熟過程で，卵母細胞を取り囲む卵丘細胞も分化する．特に細胞間にグリコサミノグリカンを蓄積して肥大するが，これを卵丘膨化と呼ぶ．

1.3 受精と発生

1.3.1 精子と卵子の移動

射精では，一度に数億～数十億の精子が腟に射出され，生殖道の収縮運動と精子自身の運動によって卵管膨大部に移動する．精子が受精の場である卵管膨大部に移動するに際し，大きなハードルとして子宮頸管と子宮卵管接合部が存在する．内腔は狭く複雑な構造であり，卵管膨大部に到達する精子の数は100～1000程度と，射出時の100万分の1にまで減少する．射出された精子の多くは，腟から体外に排出されるのである．また，受精の場に到達しなかった生殖道内の精子は遊走性貪食細胞の食作用を受け，生殖道から排除される．

排卵された2次卵母細胞は卵管采に捕捉され，受精の場である卵管膨大部へ運ばれる．

1.3.2 受精能獲得

雌雄の配偶子である卵子と精子が接触してから，両者の核が合体して接合子となるまでの過程を受精と呼び，受精によりできた接合子を胚と呼ぶ．哺乳動物では，一般に子宮に着床する前までの胚を初期胚と呼ぶ．精子が卵子と合体するためには，まず受精能獲得（capacitation）が必要である．受精能獲得を誘起した精子は，卵子に対する結合能が増す．また，先体反応（後述）を誘起する能力をもち，先体反応を誘起した精子は透明帯を通過し，卵子との融合が可能となる．受精能獲得によって，精子では①精子被覆抗原の除去，②精子膜のコレステロール除去などの変化がみられる．

1.3.3 受 精

卵子の近傍に到着した精子は，まず卵子を取り巻く卵丘細胞層のヒアルロン酸に富む細胞間質を通過する．通過の際には，精子頭部（先体）に含まれるヒアルロン酸分解酵素（ヒアルロニダーゼ）が関わる．卵丘細胞層を通過した精子は透明帯に結合するが，結合には精子頭部の細胞膜にあるレセプターが関与する．例外はあるものの精子と透明帯の結合は種特異的であり，異種精子は透明帯に結合しない．

精子が透明帯に結合すると先体は胞状化し，その中の酵素を放出する．これを先体反応（acrosome reaction）と呼ぶ．透明帯に結合した精子は，先体から放出される酵素（アクロシン）で透明帯を分解するとともに，ハイパーアクチベーションによる推進力で透明帯に小孔を空けながら通過する．

透明帯を通過した精子は，頭部の赤道部で卵子の細胞膜と融合し，卵細胞質内に取り込まれるが，精子と卵子の細胞膜の種特異性は低い．精子進入によって，卵子には表層反応と減数分裂再開という2つの大きな変化が起こる．表層反応では，表層粒の内容物が開口分泌し，卵子と透明帯の間隙である囲卵腔に放出される．内容物には酵素が含まれており，透明帯を構成する糖タンパク質を変性させる．その結果，透明帯への精子の結合と通過は阻害されることになる．また卵細胞膜も変化し，精子が融合できないようになる．この変化はそれぞれ，透明帯反応，卵黄ブロックと呼ばれ，複数の精子が卵子に進入する，いわゆる多精子受精（polyspermy）を防ぐ．

精子進入後，脱凝縮した卵子由来の DNA と膨化した精子頭部由来の DNA の周囲に核膜が形成され，それぞれ雌性前核，雄性前核と呼ばれる．形成された雌性前核と雄性前核内ではほぼ同時に DNA の複製が始まり，両前核の合体直前まで続く．そして，両前核は卵子の中央部に移動して合体する．

1.4 初期胚の発生

前述のように，受精卵は胚と，子宮に着床する以前の胚は初期胚と呼ばれる．初期胚の分裂は，体細胞分裂とは区別して卵割と呼ぶ．体細胞の細胞周期にはM期とS期の間に G1 期，G2 期があり，1周期は 20～30 時間であるが，初期胚の細胞周期では G1 期，G2 期とも短く，1周期に要する時間も短くて約 12 時間である．

体細胞分裂では G1 期に体積を増加させて分裂するので，分裂の結果生じた細胞はもとの細胞の体積とほぼ同じであるが，G1 期の短い初期胚では，細胞は体積を増すことなく分裂を進める．分裂し生じた細胞は割球と呼ばれるが，割球の体積は卵割が進むにつれてしだいに小さくなる．初期胚の分裂初期には割球を単離できるものの，卵割が進むと割球は互いに密着して胚は1つの塊になる．これをコンパクションと呼び，この時期の胚は桑の実に似ているので桑実胚と呼ばれる．

やがて桑実胚内部に腔ができ，液体がたまる．腔ができた胚は胚盤胞と呼ばれ，将来胎子へと成長する内部細胞塊と，将来胎子側胎盤となる栄養膜細胞層に分化する．胚盤胞腔の液は発生が進むにつれて増加し，胚は透明帯内部で大きく発育する．やがて透明帯が破裂し，胚は透明帯から脱出する．この現象を孵化（hatching）と呼ぶ．脱出した胚の表面は粘着性に富むが，胚は子宮内膜と接着し，その後着床する．

なお，遺伝子ノックアウトマウス作製に ES 細胞が使われるが，これは内部細胞塊に由来する株化された細胞である（詳細は 12 章参照）．

哺乳動物の初期胚は卵生の動物とは異なり，発生の最初から外部からのエネルギー供給が必要である．また排卵卵子は，細胞質内に母性因子と呼ばれる多くの mRNA をもっている．初期胚の発生は，当初は母性因子によって制御されるが，発生が進むと母性因子依存から胚自身のゲノム依存に切り替わる．これが胚性ゲノム活性化（zygotic genome activation）であるが，その後の形態形成は胚自身がもつ遺伝子によって支配される．

1.5 着　　床

胚盤胞以降，出産されるまでの胚の栄養分は母胎の子宮壁に依存する．子宮との接触をより緊密にするため，胚は子宮内膜に接触ないし子宮内膜内に埋没するが，これを着床と呼ぶ．その後胎盤がつくられて，出産まで子宮内にとどまり母胎から栄養を受ける．

着床は，形態学的に中心着床，偏心着床，壁内着床の 3 つに分類される．中心着床は，ウシ，ヒツジ，ヤギ，ウマ，ブタ，イヌでみられ，胚が子宮腔に定着し，子宮粘膜と全面的に接触し子宮腔を満たす型である．偏心着床は，胚が子宮粘膜のくぼみに収まり，やがてそのくぼみをつくるヒダの頂上が融合してふさがることで胚が粘膜に囲まれ，子宮腔から隔離されて偏在する型であり，ウサギや齧歯類でみられる．壁内着床は，胚が着床する部分の子宮壁の粘膜上皮を胚自身のもつ酵素で溶解破壊して，その下層の固有層に進入する型であり，ヒトを含む霊長類やモグラでみられる．

子宮粘膜では，卵子の受精後に内膜の厚さが増加する．妊娠期に最高度に発達し，ついで妊娠終了までの期間徐々に縮小して薄い層となって，満期になれば胎盤の剥離が起こる．以上のことから，妊娠子宮の粘膜を脱落膜と呼ぶ．

1.6 器官の発生

1.6.1 3つの胚葉の形成

胚盤胞は発生を続け，原腸期胚に移る．原腸期胚になると，胚葉の発生とともにそれぞれの細胞群が分化の方向性をもつようになる．まず原腸期胚では，3つの胚葉（外，中，内胚葉）が出現する．このとき胚盤胞に現れる腔は，哺乳動物に進化する以前には卵黄が分布していたと思われる部分であり，その卵黄が消失する代わりに水溶液が蓄積する．

胚盤胞の外壁は薄い細胞層からなる原始外胚葉で，これが胚盤胞全体を包んで母体の子宮粘膜と接触して栄養分を吸収するため，原始外胚葉のことを栄養膜と

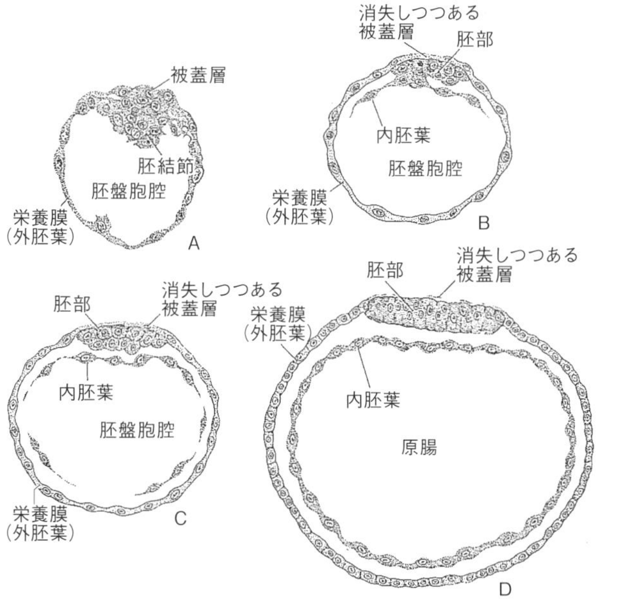

図 1.2　胚盤胞期胚における内胚葉と原腸の形成（文献[5]を改変）

A → D と進行する．胚結節の中心に外胚葉性腔が出現し，ついで胚結節の外表を薄く覆った栄養膜から連続する被蓋層が退化消失して，胚結節が直接表面に裸出する．続いて外胚葉性腔が縦に裂開し，胚結節に接続する栄養膜で左右に引かれて平板状に展開した胚部が形成される．胚結節から薄い層の細胞が栄養膜の内側に沿ってはみ出してきて，栄養膜の全内側にわたって広がり，反対の極まで伸展して対側のものと結び付く．これが内胚葉の最初の出現であり，内胚葉で囲まれた閉鎖嚢が卵黄嚢で原腸に相当する．

呼ぶ．栄養膜の内側では，細胞が集積して細胞塊をつくる．これが胚結節（内部細胞塊）で，ここから将来胎子の体部ができる．

次に，胚結節から薄い層の細胞が栄養膜の内側に沿って進展し，栄養膜の全内側に広がる．これが内胚葉の出現である（**図1.2**）．内胚葉に囲まれた閉鎖嚢は，卵黄嚢では原腸に相当する．原腸形成とほぼ同時期に，胚結節には原始線条が出現し，これにより中胚葉がつくられる．原始線条には原始結節，原始溝が認められるが，原始溝から原始結節にかけての部位では盛んに細胞増殖が起こり，ここから頭方と側方に細胞が増殖放出されて外，内胚葉の間に進出する．これが中胚葉の出現である．

1.6.2　脊索と神経管の形成

原始結節の頭側に向かい正中軸に沿って，細胞群が外，内胚葉の間を索状に進む．この索状の細胞群を脊索突起といい，その軸の延長線の部分に脊索板が形成され，脊索突起と脊索板は脊索となる．そして脊索に誘導されるかのように，原始結節より頭方が厚みを増して板状となる．この板状部を神経板と呼び，将来中枢神経系に分化する．この時期の胚は神経胚と呼ばれる．

神経板の中軸は凹んで神経溝が現れ，一方で板の両縁は神経堤となって盛り上がり，神経ヒダとして神経溝に覆いかぶさる．このようにして溝は深さを増し，ヒダは高さを加え，両側のヒダの頂点が中央線で結合して管状となり，外胚葉から分離し下に沈んで神経管となる（**図1.3**）．神経ヒダが結合して神経管となる経過は，神経板全長を通じて同時に行われるわけではなく，結合が最初に行われる部位は将来の後脳に分化する部分で，これより頭方および尾方に向かって，結合が次第に進行する．

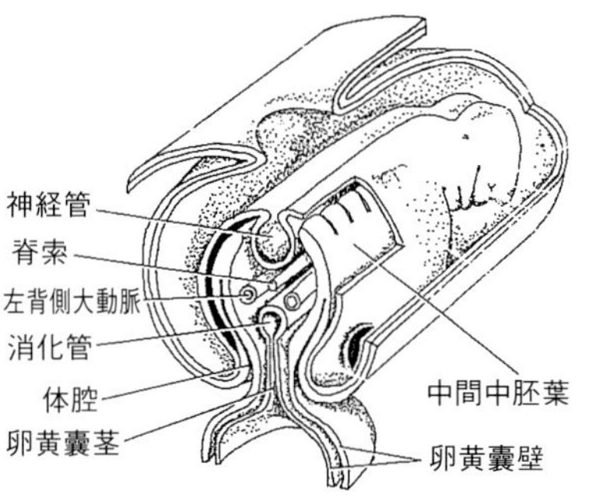

図1.3　ブタ胚子における神経管，中間中胚葉および卵黄嚢の配置（文献[5]を改変）

1.6.3　体節の出現

脊索と神経管が形成されると，体軸に最も近い部分の中胚葉層では，脊索の両側で細胞が増殖して沿軸中胚葉が形成される．沿軸中胚葉より外側の中胚葉を中間中胚葉，中間中胚葉よりも外側にある中胚葉を側板中胚葉と呼ぶ．ついで沿軸中胚葉に横溝が現れ，溝は体軸に沿って規則正しく尾方に向かい，一定の間隔で増してゆく．これを胎子の真上からみると，中胚葉を分節的に規則正しく，神経管，脊索に沿って区切るような形をとる．この分節の1つ1つを体節と呼び，最初に出現する体節は第1体節（S1），以下第2体節，第3体節，…と呼ばれる．各体節は中間中胚葉から分離独立するが，中間中胚葉も側板中胚葉から離れて独立する．同時に，各中間中胚葉は隣接する前後のものと分節状に連絡して腎板となり，ここからのちに尿生殖器系がつくられる．

側板中胚葉に内腔が現れ，これによって外側の外胚葉の裏付けとなる壁側中胚葉と，内胚葉の裏付けとなる臓側中胚葉に分かれる．

1.6.4 中腎と生殖巣堤の発生

排出器官である腎臓は，体節と側板中胚葉との間にある細胞集団（中間中胚葉）から形成される．胚発生の初期から体の両側に存在し，腎管でつながった節状の構造をしており，頭方から前腎，中腎，後腎と分類される．これらは発生途上で一時的にみられる構造で，発生の段階に応じて頭方から形成されて，順次消え去る．また，中腎は将来雄の輸精管になる．

後腎の腎管から出っ張った尿管の上皮が，周りの中胚葉由来の細胞集団へ働きかけて細胞を集合させ，腎臓の原基をつくる．生殖腺の体細胞（生殖細胞以外の細胞）は，腎臓と同じく中間中胚葉に由来する．

中腎の存在する領域には，生殖巣堤となる細胞の集団が形成される（**図1.4**）．性染色体がXYであれば雄に，XXであれば雌になるが，これを決定する遺伝子はY染色体上にある，*Sry*と呼ばれる転写調節因子をコードする遺伝子である．将来生殖細胞になる始原生殖細胞が生殖隆起に移動し，生殖巣が機能す

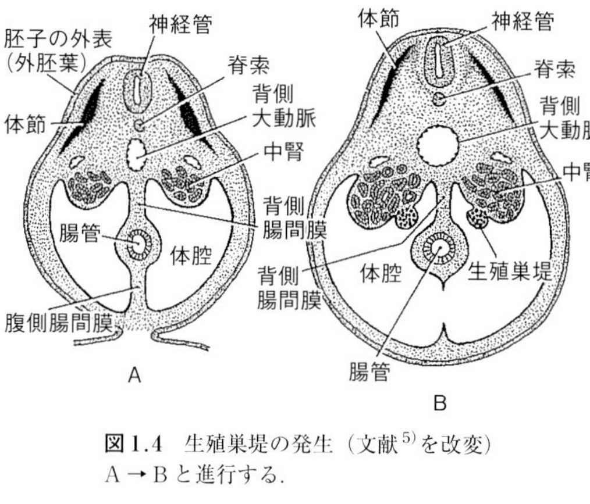

図1.4 生殖巣堤の発生（文献[5]を改変）
A→Bと進行する．

る細胞集団ができる．

1.6.5　卵黄嚢の誕生

神経胚は胚盤胞腔を内蔵する単純な形であるが，胚の頭，尾端でヒダがつくられて深く湾入し，胚子の腹部にあたる原腸の部分はくびれて，消化管の原基が出現する．頭部に位置する前腸，尾部に位置する後腸，両者の中間のくびれた部分を通じて原腸に連絡する部位が中腸となる．くびれた部分が卵黄嚢茎，その近傍の原腸部分が卵黄嚢となる．

中間中胚葉から，雄では精細管，精巣輸出管，精巣上体管，および精管とその分芽から生殖器付属腺（膨大腺，精嚢，前立腺など）が，また雌では卵管，子宮，腟が発生する．なお解剖学の教科書などでは，中胚葉の臓側板と内胚葉から始原生殖細胞が発生するとされている．

1.6.6　始原生殖細胞の形成

マウスでは2細胞期胚あるいは4細胞期胚の時期に，各割球の分離と仮親への胚移植を行うと完全な個体が出生するので，少なくともこの時期までは細胞分化は起きていない．したがって，この時期以後の桑実胚期，あるいは胚盤胞期に始原生殖細胞の分化が起こると考えられる．最初に始原生殖細胞が発見されるのは，一般に卵黄嚢（内胚葉）上皮である．胚子で生殖堤が出現するより以前の時期であり，マウスでは妊娠8日胚といわれている．

生殖巣の形成がある程度進行するまで，始原生殖細胞は卵黄嚢上皮に混在して増殖を続ける．生殖堤の形成を待ちながら卵黄嚢から移動し始め（10，11日胚），やがて大多数の始原生殖細胞は生殖巣に形成された生殖索に移動する．なおマウスでは，始原生殖細胞を特定の条件で体外培養することにより，分化の全能性を維持した未分化細胞株である，胚性生殖細胞（EG細胞）が得られる．

1.7　発生工学における規制

テクノロジーの進展にはプラス面も多いが，当然マイナス面もある．バイオテクノロジーの開発や実用化においても，マイナス面をどのように制御するかについて注意を払う必要があって，すでにバイオハザード（生物災害）の防止のための方策，バイオテクノロジーの悪用防止，さらに倫理面での規制などがなされている．動物発生工学の中で大きな比重を占める遺伝子改変動物については，①自然界に存在しない動物が外界に流失することにより，野生動物を含む環境に大きな変化をもたらす恐れがある（安全面），②身体的に欠陥を有する動物を創生する恐れがある（倫理面）などの批判的な議論がある．また，ヒトへの応用については法律以外にも種々の決まりが設けられ，かつ時代によって変遷しており，文部科学省，厚生労働省などでの議論を今後も注視する必要がある．

わが国での組換え DNA 実験指針は，「人為的につくった組換え DNA をもつ生物は，どのようなものでも自然界に出さないように取り扱う」ことを基本として作成されている．組換え DNA 実験では，組換え DNA を自然界に出さないために「封じ込め」を行う．封じ込めは生物学的方法（B レベル）と物理的方法（P レベル）に分かれるが，実際にはこれらを組み合わせて行われる．生物学的方法は，封じ込めの低い方を B1，高い方を B2 として区分されるが，動物細胞は一般に自然条件では生存能力が低いので，B1 として分類される場合が多い．一方，物理的封じ込めも低レベルから高レベルにかけて 4 段階（P1，P2，P3，P4）に分類される．P1 レベルの実験室は通常の微生物実験室と大きな違いはないが，動物細胞を用いる場合，扱う遺伝子によって規制の程度は異なる．P2 では排気系統に微生物除去のフィルターを付ける必要があり，P3 以上では実験者の出入りもコントロールされる．

発生工学の研究は多岐にわたっており，法律によって規制される研究もある．また，法律の条文から判断するのが難しい研究も想定されるであろう．発生工学分野では，特に体細胞クローンの健全な発展を願って「産業動物におけるクローン個体研究に関する指針」[6)]がまとめられ，次の 3 つの基本姿勢を遵守することが文書化されている．①国の策定する法律，規制，指針，ガイドライン等を遵守する．②諸外国の法律，規制，指針，ガイドライン等については，特定の宗教や文化的基盤に基づくものでない限り，十分に配慮し，基本的かつ普遍的な条項については，国内の法律，規制，指針，ガイドラインに準じて遵守する．③上記①，②に抵触する恐れのある研究については，関連学会並びに，一般社会の理解が得られるよう十分配慮する．そのために，実施に先立ち研究機関ごとに倫理委員会等を設置して，実際の科学的必要性，意義のほか，社会的影響，倫理的側面に十分検討を加える．倫理委員会等の審議の内容は，文書として記録，保管し，開示の要求があれば速やかにこれに応じる．疑義のある問題については，所属機関長等を介して所轄官庁の意見を求める．

体細胞クローン研究の例にもみられるように，発生工学の研究では社会の合意のもとで推進する立場を堅持することが重要である．　［**佐藤英明**］

文　献

1）舘　鄰：動物発生工学（岩倉洋一郎ら編），pp.1-11，朝倉書店（2002）．
2）NAMEの会編：哺乳類の発生工学．ソフトサイエンス社（1984）．
3）Hogan, B. et al.：Manipulating the Mouse Embryo. Cold Spring Harbor Laboratory Press（1994）．
4）日本生殖工学会：日本生殖工学会（生殖工学研究会の改組）の趣旨．http://sre.ac.affrc.go.jp/Mission.htm（2014年2月13日確認）
5）加藤嘉太郎・山内昭二：新編家畜比較発生学．養賢堂（2005）．
6）日本学術会議畜産学研究連絡委員会，獣医学研究連絡委員会，育種学研究連絡委員会合同報告書：産業動物におけるクローン個体研究に関する指針（2000）．
7）藤森俊彦：動物発生工学（岩倉洋一郎ら編），pp.50-69，朝倉書店（2002）．
8）佐藤英明：農学生命科学を学ぶための入門生物学（山口高弘・鳥山欽哉編），pp.109-118，東北大学出版会（2011）．
9）森　崇英編：卵子学．京都大学出版会（2011）．
10）佐藤英明：アニマルテクノロジー．東京大学出版会（2003）．
11）佐藤英明：哺乳類の卵細胞（シリーズ 応用動物科学バイオサイエンス）．朝倉書店（2004）．

2

発生学とエピジェネティクス

2.1 エピジェネティクスとは

どんな動物のどんな細胞も，もとをたどると1つの受精卵から派生する．受精卵は初期卵割期の間だけは未分化状態を維持することができるが，やがては分化し特化した機能を果たせる細胞群，組織，器官へと分化していく．免疫系の細胞や生殖細胞を除いては，ほとんどの細胞で最初の受精卵と同じ遺伝情報を有しているのに，なぜ性質の異なる細胞へと分化していくのだろうか．また，終末分化した体細胞から核移植によりクローン動物が発生するのはなぜだろうか．

これらの疑問に対する答えの一部は，エピジェネティック（epigenetic）修飾によって説明することができる（**図2.1**）．エピジェネティクス（epigenetics）とは，epi（外）という接頭語とgenetics（遺伝学）という単語を合わせた比較的新しい造語で，文字通り遺伝外の因子に関する学問を指している．しかし，エピジェネシス（epigenesis，後成説）などの造語が先行して存在した経緯があり，例えば生殖細胞の発生運命について，「ハエでは卵内の母性因子によって前成的に決まるのに対し，哺乳類では受精後の分裂過程で後成的に決まる」という

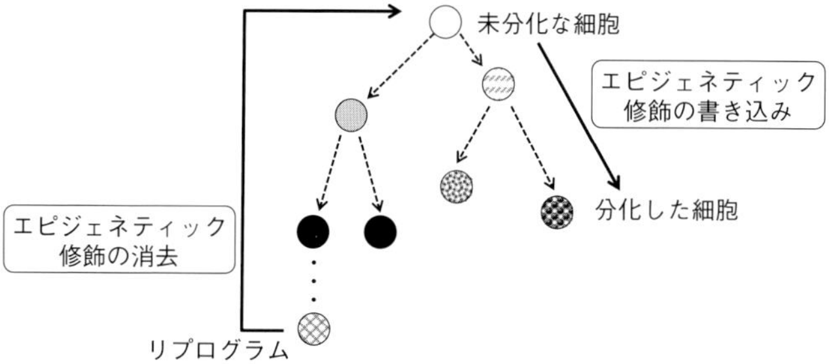

図2.1　細胞分化過程におけるエピジェネティック修飾のイメージ

ような場合に用いる「後成的」という意味の語も「エピジェネティック」と表現され，こちらの方が歴史は深い．一方近年では，「エピジェネティック」という表現は「DNA の塩基配列を変えずに DNA やヒストンの化学修飾で遺伝子発現を制御する現象」という意味で用いられることが多い．

本章では，エピジェネティック（後成的遺伝子）修飾によって説明される生命現象とその分子機構について概説していく．

2.2　エピジェネティクスで説明される生命現象

2.2.1　ゲノムインプリンティング

ゲノムインプリンティング（genomic imprinting）と呼ばれる現象の発見は，哺乳類におけるエピジェネティクス研究の幕開けといえる．ゲノムインプリンティングとは，ある遺伝子が精子（父親）に由来したか卵子（母親）に由来したかによって，発現を異にする現象のことである[1)]．常染色体や X 染色体には父母の由来にかかわらず同じ遺伝子が同じ順序で座位しており，これらの遺伝子のほとんどは胚において父母の染色体から等しく発現する．しかし，一部の遺伝子だけは父母の染色体のいずれか一方のみから発現するよう制御されている（図

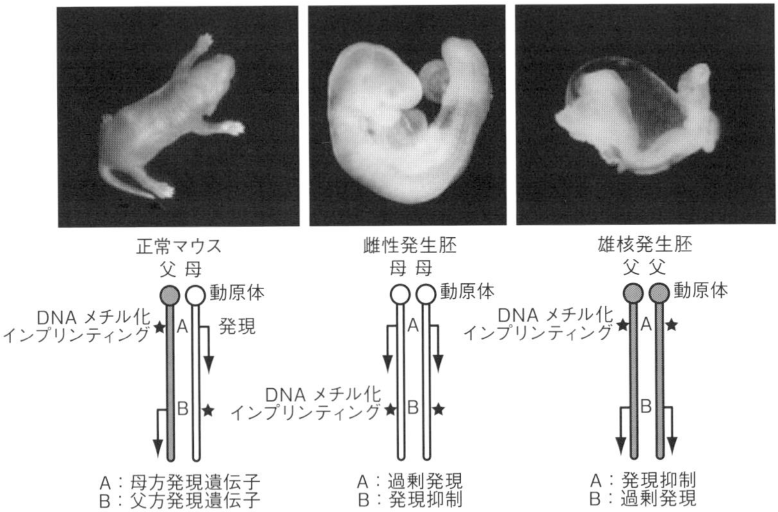

図 2.2　インプリント遺伝子の発現とマウス単為発生胚

2.2)．哺乳類で単為発生胚が致死になるのは，まさしくゲノムインプリンティングのためである（詳細は6章参照)．

父母のゲノムが子の表現型に対して等しく機能していないことは，実は古くから知られている現象だった．最も有名な例としては，ラバ（mule，母がウマで父がロバ）とケッティ（hinny，母がロバで父がウマ）が知られている．これらの異種間雑種はゲノムセットとしては同じものを持ち合わせているにもかかわらず，表現型や特徴は異なっている．役に強く育てるのも容易なラバは，多くの国々で家畜として古くから飼育されてきたのに対し，ケッティは展示動物的な役割が強い．

一方近年になって，実験学的に父母のゲノムが等価でないことが示された例としては，Cattanach と Beechey の片親性ダイソミーマウスの表現型の違い[2)]，高木信夫博士が発見したマウス胚体外組織における父方 X 染色体の優先的な不活性化[3)]，そして Surani らの研究チームや Solter らの研究チームによって証明された単為発生胚の致死があげられる[4,5)]（図 2.2)．これらの科学的根拠から 1984 年，父母のゲノムに不等価をもたらすこの現象を，「ゲノムに父母の由来が刷込み（imprinting）されているようだ」という意味合いから「ゲノムインプリンティング」と呼ぶようになり，父母の染色体のいずれか一方のみから発現する遺伝子はインプリント遺伝子と名付けられた．現在マウスやヒトでは，150 程度のインプリント遺伝子が同定されている．

2.2.2　ゲノムインプリンティングの分子機構

こういった父母のゲノムの不等価は，遺伝的な制御ではなくエピジェネティック修飾であると仮定された．もし父母のゲノムの機能的な差異が塩基置換を伴うならば，世代ごとに変異は蓄積し，流産・死産率が異常に高くなるはずであるが，そのような事実はないからである．つまり，父母の染色体上に差異をもたらす印は子の生殖細胞で一度消去され，再び，子が雌ならば母の印，子が雄ならば父の印が刻印（imprinting）されると考えられた（**図 2.3**)．

今ではこの印，つまりインプリンティングの主要な分子機構が DNA のメチル化であることが明らかとなっている．生殖細胞形成過程で，インプリント遺伝子は精子あるいは卵子特異的な DNA メチル化修飾を獲得し，その修飾は受精後も細胞分裂を経て維持される．そして胚が着床する頃，この修飾をもとに父母の染

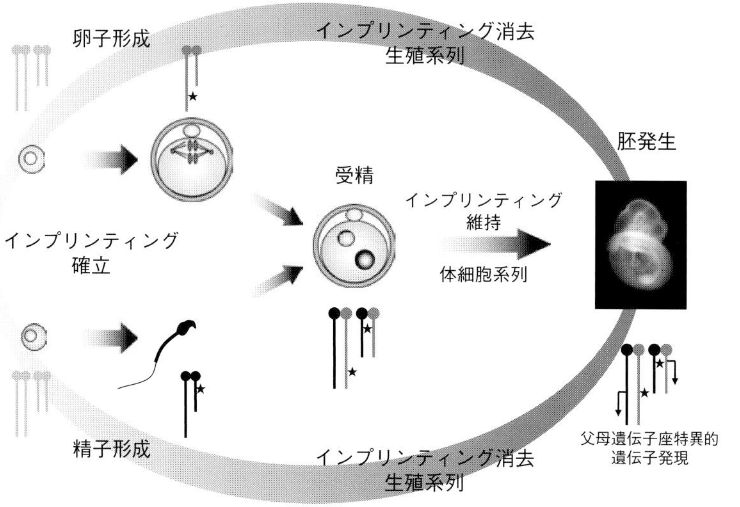

図 2.3　ゲノムインプリンティングの概念

色体のいずれか一方から遺伝子が発現するように制御される．そして，体細胞では父母の遺伝子座に特異的な DNA メチル化が維持されるのに対し，胚の発生過程で生じる生殖細胞においてはこのメチル化は消去される．DNA メチル化の重要性は遺伝子欠損マウスを用いた実験で証明されており，新規 DNA メチル基転移酵素を欠損した卵子は，インプリント遺伝子の卵子特異的 DNA メチル化が欠如し，この卵子に由来する胚はインプリント遺伝子の発現異常を伴いすべて致死となる．また，新規 DNA メチル基転移酵素を欠損した精子もインプリント遺伝子の DNA メチル化を欠如する．一方，生殖細胞形成過程で確立したインプリント遺伝子の DNA メチル化を維持するための，維持 DNA メチル基転移酵素を欠如すると，その胚ではやはりインプリント遺伝子の発現異常を伴い致死となる[6]．

2.3　エピジェネティック修飾

2.3.1　DNA のメチル化

a.　DNA のメチル化

ゲノムインプリンティング機構は哺乳類のみに存在するのに対し，DNA メチル化は主に脊椎動物に共通して認められるエピジェネティック修飾であり，イン

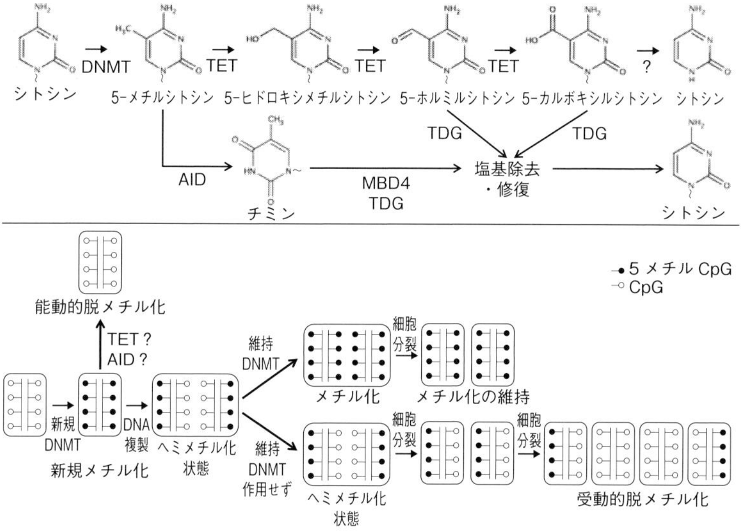

図 2.4 DNA メチル基転移酵素（DNMT）による DNA のメチル化と，TET ヒドロキシラーゼ（TET）あるいは活性化誘導シチジンデアミナーゼ（AID）により推定される能動的脱メチル化機構

プリント遺伝子の発現制御以外にも多くの役割をもっている．

脊椎動物の DNA メチル化は，シトシン-グアニンと並ぶ配列（CpG）のシトシンの 5 位に生じる化学修飾である（**図 2.4**）．5-メチルシトシンは塩基対形成に影響せず，グアニンと塩基対を形成することができる．DNA のメチル化を触媒する酵素（DNA methyltransferase，DNMT）には，新規 DNA メチル基転移酵素と維持 DNA メチル基転移酵素の 2 種類がある（**表 2.1** および図 2.4）．前者は全くメチル化されていない DNA 鎖に新しくメチル基を付与する酵素であり，後者は DNA 複製で新しく合成された相補鎖に鋳型鎖と同じようにメチル基を付加する酵素である．これら 2 つの酵素の作用により，ある種の細胞で特定の DNA 配列が新規にメチル化されると，これらのメチル化状態は DNA 複製・細胞分裂を経て娘細胞に受け継がれる．

また，DNA のメチル化は可逆的な化学修飾であるため，5-メチルシトシンからシトシンへの脱メチル化も起こる．現在までに DNA の脱メチル化酵素は見つかっていないが，その過程には 2 通りあると考えられている．受動的脱メチル化では DNA 複製の際に維持 DNA メチル基転移酵素が作用せず，計算上は 2 回分

表 2.1 主なエピジェネティック修飾因子とその役割

因子名	機能	役割
DNMT1	維持 DNA メチル基転移酵素	転写抑制
DNMT3A	新規 DNA メチル基転移酵素	転写抑制
DNMT3B	新規 DNA メチル基転移酵素	転写抑制
DNMT3L	新規 DNA メチル基転移酵素の補酵素	DNMT3A と DNMT3B を介して転写抑制
SET7/9	H3K4 トリメチル基転移酵素	遺伝子発現活性化
SUV39H	H3K9 トリメチル基転移酵素	セントロメア付近のヘテロクロマチン化
SETDB1	H3K9 トリメチル基転移酵素	ユークロマチン領域の転写抑制
G9a	H3K9 ジメチル基転移酵素	ユークロマチン領域の転写抑制 X 染色体の不活性化
EZH2	H3K27 トリメチル基転移酵素	ポリコーム複合体による転写抑制
LSD1	H3K4 脱メチル化酵素	転写抑制
JMJD1A	H3K9 脱メチル化酵素	転写活性
UTX	H3K27 脱メチル化酵素	転写活性
GCN5	ヒストンアセチル基転移酵素	転写活性
PCAF	ヒストンアセチル基転移酵素	転写活性
HDAC1～3, 8	クラスⅠヒストン脱アセチル化酵素	転写抑制
HDAC4～7, 9, 10	クラスⅡヒストン脱アセチル化酵素	転写抑制

裂すると，両鎖ともメチル化されていない DNA 鎖が生じ脱メチル化される．能動的脱メチル化は細胞分裂（DNA 複製）に依存せずにメチル基を除去する系で，現在までに 2 経路が推察されている．TET ヒドロキシラーゼの反応により，5-メチルシトシン→5-ヒドロキシメチルシトシン→5-ホルミルシトシン→5-カルボキシルシトシン→シトシンという化学反応経路か，あるいは活性化誘導シチジンデアミナーゼ（activation-induced cytidine deaminase，AID）により 5-メチルシトシンが脱アミノ化されチミンに変換され，5-メチルシトシンと塩基対を形成していたグアニンとの間で塩基対が形成できなくなり，TDG（thymidine DNA glycosylase）や MBD4（methyl CpG binding domain protein 4）などの DNA グリコシラーゼにより塩基が除去され，シトシンに修復されるという化学反応経路である[1,6-8]（図 2.4）．

b． DNA メチル化の役割

ゲノム上の DNA 配列は，タンパク質をコードしている遺伝子，タンパク質はコードしていないけれども mRNA を転写する遺伝子，トランスポゾン由来の反復配列，遺伝子と遺伝子の間に存在する配列など多岐に及んでいるが，いずれにおいてもシトシンはメチル化されうる．

mRNA を転写するユニットである遺伝子は，主に発現制御領域と転写領域とからなる．発現制御領域にはプロモーターやエンハンサーなど転写を調節する配列が含まれ，ここに転写因子やRNAポリメラーゼが結合することで転写が開始される．一般的に，発現制御領域におけるシトシンのメチル化は遺伝子発現を負に制御し，多くの細胞で恒常的に発現するハウスキーピング遺伝子のプロモーター領域はメチル化されていない．

プロモーター領域のDNAのメチル化が遺伝子発現を負に制御する詳細な機構は不明であるが，抑制する方法としては，①遺伝子のプロモーターやエンハンサーの配列がメチル化されることによって，転写因子などの結合を阻害する，あるいは②メチル化された配列の高次構造が変化することによって発現が抑制される，という2つのケースがある．

すべてのエピジェネティック修飾に意味をもたせることは現時点ではできないが，発現制御領域のDNAメチル化は，哺乳類をはじめとする脊椎動物において，組織特異的，時期特異的あるいは父母の遺伝子座特異的発現の要因（きっかけ）となったり，発現抑制の維持に機能したりしている．また，トランスポゾンと呼ばれる配列は宿主DNA内を動き回り，配列によっては増殖することが可能で，マウスやヒトではゲノム配列の40%を占めている．トランスポゾンの配列中にはトランスポザーゼ，プロモーター，逆転写酵素，エンドヌクレアーゼなどが含まれ，これらが活性化すると宿主DNA内を移動して変異をもたらすことから，DNAメチル化によってトランスポゾンを不活性化しゲノムを安定化させている．一方，細胞分裂時に動原体が形成されるセントロメア領域では，DNAは高メチル化されヘテロクロマチンが形成されており，これは染色体の正しい分配に機能していると考えられている．

c. 発生過程におけるゲノムDNAのメチルレベルの変化

発生過程において，ゲノムDNAのメチル化はどのように変化するのだろうか．哺乳類のモデル動物であるマウスの解析結果を**図2.5**に示す．受精前，精子ではゲノムのほぼ全領域が高メチル化状態にあり，卵子では低メチル化状態の領域がおよそ6割と高メチル化状態の領域がおよそ3割で，おしなべて全体では中〜低程度のメチル化状態にあるといえる．

受精後は，胚ゲノムのメチル化は能動的および受動的脱メチル化により減少していく[9,10]．受精卵を5-メチルシトシンの抗体を用いて免疫染色すると，受精後8時間で精子に由来する雄性前核では5-メチルシトシンが検出されなくなる

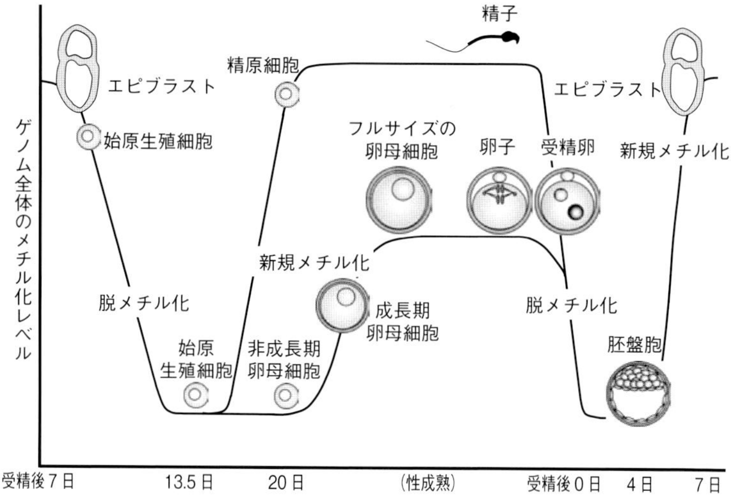

図 2.5　マウス発生過程におけるゲノム DNA のメチル化レベル

のに対して，卵子に由来する雌性前核では依然として 5-メチルシトシンが検出される．一方，5-ヒドロキシメチルシトシン抗体を用いてマウス受精卵を免疫染色すると，雄性前核特異的に 5-ヒドロキシメチルシトシンが検出される．前述した通り，5-ヒドロキシメチルシトシンは能動的脱メチル化過程の中間産物と考えられている[7)]．実際に一部の遺伝子について受精卵でメチル化解析をすると，分裂を経ずに能動的に脱メチル化される領域があることが証明された．ただし，5-ヒドロキシメチルシトシンは維持 DNA メチル基転移酵素で維持されないため，受動的脱メチル化への寄与も推察されている．

受精卵が胚盤胞期に発生するまでの間に，ゲノムのメチル化レベルは下がるが，着床後卵円筒期胚に発生するまでの間に新規メチル化を受け，胚ゲノムのメチル化レベルは再び上昇する．この卵円筒期胚のエピブラスト（epiblast）と呼ばれる領域は，生殖細胞や外・内・中の三胚葉を将来的に発生する．原腸形成期に尿膜基部に出現する始原生殖細胞は，腸管上皮を移動して生殖隆起（将来の精巣あるいは卵巣）にたどりつくが，この間にエピジェネティック修飾はリプログラムされ，ゲノム全体が再び脱メチル化される．胎子の性によって生殖細胞が精子形成あるいは卵子形成に移行すると，前者では体細胞分裂休止期の雄性生殖細胞で，後者では卵母細胞成長過程でそれぞれ新規メチル化が生じ，振り出しに戻る（図 2.5）．以上がマウスの生活環におけるゲノムの全体的な DNA メチル化レベルの変遷である．

初期卵割期における脱メチル化，卵円筒期の新規メチル化，そしてメチル化維持のいずれかが阻害されても胚は致死となる．また，精子形成過程における新規メチル化が阻害されると，トランスポゾン由来遺伝子の過剰発現を伴い，雄性生殖細胞は減数分裂前期のパキテン期以前に死滅し不妊となる．一方，卵子形成における新規メチル化が阻害された場合，前述したインプリンティングに異常が生じるが，その点を除けば卵子自体は正常に発生し，減数分裂，受精，着床に問題はない．これらは DNMT や，DNA 脱メチル化に機能する TET ヒドロキシラーゼをコードする遺伝子を欠損した遺伝学的実験によって証明されている[6)]．

d．発生過程における *Oct4* 遺伝子の DNA メチルの変化

発生プログラムを説明するためのエピジェネティックな情報は，まだ不足しているのが実情である．多能性に不可欠なことで著名な *Oct4* 遺伝子でさえ，エピジェネティック修飾による発現制御に関しては未解明な部分が多い．

初期発生過程において，桑実期胚までは左右前後対称に卵割していくが，実は桑実期胚の割球では可逆的ではあるものの，外側は栄養外胚葉（trophectoderm，TE），内側は内部細胞塊（inner cell mass，ICM）に発生するよう，すでに方向付けがなされている．エピジェネティック修飾は，おそらく細胞が曝された物理的あるいは化学的な環境要因によって変化し，遺伝子発現制御の引き金あるいは抑制状態の維持に機能するものと思われる．

胚盤胞期になると初めて表現型が非対称となり，このとき TE と ICM は発生運命の明確に異なる細胞へと分化する．前者は胎盤や胎膜などの胚体外組織へ，後者は主に胚体組織（胎子）へと発生していく．*Elf5*，*Oct4*，*Nanog* などの遺伝子は TE および ICM の増殖・分化・維持に主要な働きを果たしており，マウスにおいて *Elf5* は TE 特異的に発現し，*Oct4* と *Nanog* は ICM で特異的に発現する[注)]（**図 2.6**）．しかし，遺伝子発現や細胞分化に先立って *Elf5* および *Oct4* や

注）マウスは哺乳類のモデル動物で，マウスで証明されている発生の原理原則はその他の動物でも同様に起きていると考えられるが，個々の現象の詳細は動物種によって異なっていることも忘れてはいけない．前核期における雌性前核特異的 5-メチルシトシンシグナルの検出は，ヒト，ブタ，ウサギ，ヒツジなどでは議論の余地が残されているほか，胚盤胞で *Oct4* が ICM に局在することもウシ胚などとは異なる．しかし，初期胚でゲノム全体が脱メチル化され，未分化能を維持するために *Oct4* や *Nanog* を必要とする点など，大枠は共通している．

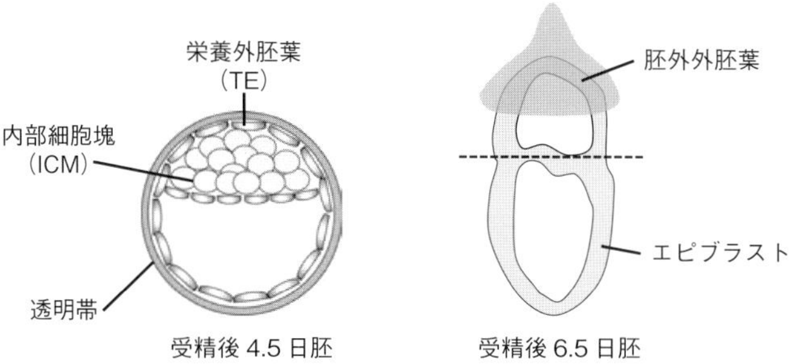

ICM/エピブラスト		ICM	エピブラスト
Oct-4	発現	非メチル化	非メチル化
Nanog	抑制	非メチル化	非メチル化
Elf5	抑制	非メチル化	高メチル化
TE/胚外外胚葉		TE	胚外外胚葉
Oct-4	抑制	非メチル化	高メチル化
Nanog	抑制	非メチル化	高メチル化
Elf5	発現	非メチル化	非メチル化

図 2.6　マウス胚における細胞特異的遺伝子発現と DNA メチル化の確立

Nanog のプロモーター配列がメチル化されるわけではなく，胚盤胞期においてこれらはいずれも低メチル化状態である．着床後，卵円筒期胚へ発生すると *Elf5* がエピブラスト特異的に，*Oct4* や *Nanog* が胚外外胚葉特異的にメチル化され始める[11)]．したがって，TE と ICM が分化する過程において DNA メチル化は一次的な機能を果たしておらず，この過程はヒストンなど他のエピジェネティック修飾により制御されている可能性が高いものの，詳細については未だに不明である．

2.3.2　ヒストン修飾

a.　ヒストン

ヒストンは DNA に結合している進化的に保存されたタンパク質であり，DNA をコンパクトに折りたたむ役割を担うほか，ヘテロクロマチン（遺伝子発現が不活性で高度に凝縮した領域），ユークロマチン（遺伝子発現が活性な領域），セントロメア領域の形成，染色体の形成・分配，個々の遺伝子の発現制御など，その機能は多岐に及んでいる．DNA（CpG）のメチル化はショウジョウバエやセンチュウでは認められないことから，脊椎動物においても，DNA メチル化という化学修飾の他にヒストンを介した遺伝子発現制御が存在することは容

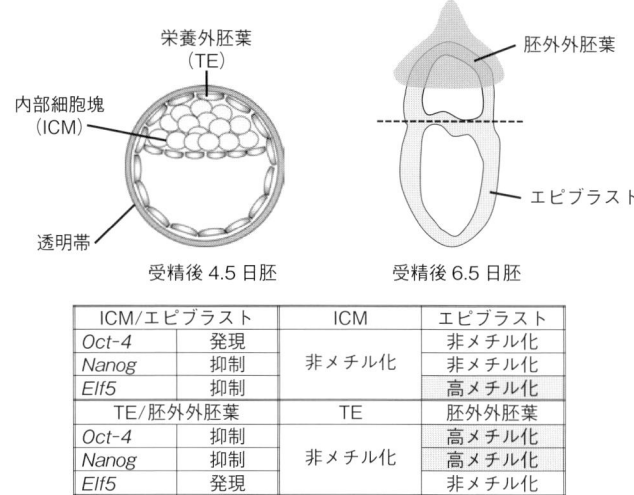

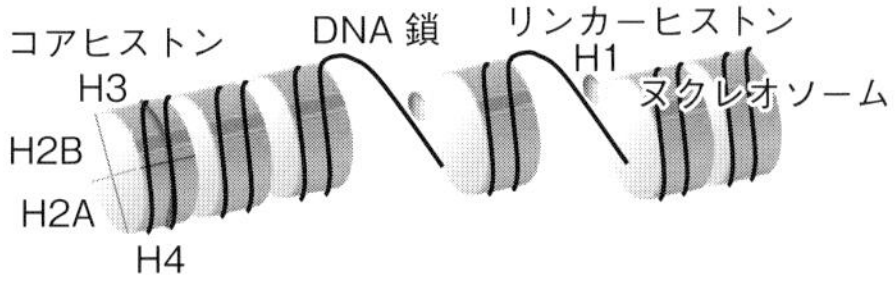

図 2.7　ヒストンとヌクレオソームの略図

易に想像できる.

ヒストンには，コアヒストンとリンカーヒストンが存在する（**図 2.7**）. コアヒストンはヒストン H2A，ヒストン H2B，ヒストン H3 およびヒストン H4 のそれぞれ 2 分子ずつの 8 量体からなり，これに DNA 鎖が巻き付きヌクレオソームという単位を形成している．リンカーヒストンはヒストン H1 と呼ばれ，各ヌクレオソームにヒストン H1 が 1：1 で結合することでさらに精密に折りたたまれ，ソレノイド（現時点では折りたたみモデル）を構成する．ソレノイドはさらに折りたたまれ染色体が構成されるが，リンカーヒストン以降のクロマチンの折りたたみの詳細は，未だに明らかでない.

b.　ヒストン修飾

コアヒストンを構成する各ヒストンの C 末端側は，DNA 鎖のホールドに重要な役割を果たしていると考えられている．N 末端側はヌクレオソームの外側に向かって伸びているが，この部分をヒストンテールと呼ぶ．ヒストンは正に荷電しており，負に荷電している DNA をホールドしやすい性質がある．しかし，ヒストンテールが何らかの化学修飾を受けるとこの荷電が変化し，それが隣接するヌクレオソームとの親和性の変化，つまりクロマチン構造の弛緩/収縮を引き起こすと考えられている．また，多くのヒストン修飾は特定のクロマチン領域に特定のタンパク質を結合させ，遺伝子発現制御やヘテロクロマチン形成などに機能している.

テールドメインの化学修飾は，コアヒストンを構成するすべてのヒストンで確認されている．ヒストンテールの修飾を説明する際には，アミノ酸の一文字表記と N 末端側からのアミノ酸の位置で表記し，例えばヒストン H3 の N 末端側から 9 番目にあるリジンがジメチル化されている場合は，H3K9 ジメチルと表す．ヒストンのアミノ酸側鎖を共有結合により修飾する代表的なものには，アセチル化（CH_3CO—），モノ，ジ，トリメチル化（CH_3—），リン酸化（H_2PO_4—）のほか，ユビキチン化や SUMO 化など 100 個程度のアミノ酸が付加するものもあり，これらはすべて可逆的である.

ヒストンのアセチル化は転写活性化に，脱アセチル化は転写抑制に寄与しており，この基本原理はどのヒストンテールのどのリジンでも共通している．これは転写を活性化する複合体（コアクチベーター）の中にヒストンアセチル化酵素が含まれ，転写を抑制する複合体（コリプレッサー）の中にヒストン脱アセチル化酵素が含まれることからも説明できる．ヒストン脱アセチル化酵素を含む複合体は，メチル化 DNA 結合タンパク質を介して DNA メチル化領域に結合することや，維持 DNA メチル基転移酵素を含むこともある．

また，H3K4 や H3K36 のメチル化は転写活性領域に認められる修飾で，H3K36 のメチル化酵素と RNA ポリメラーゼはコンプレックスをつくることもある．逆に H3K36 の脱メチル化酵素は，転写抑制を維持するポリコーム複合体に含まれる．H3K9 や H3K27 のジメチルあるいはトリメチル化は転写抑制領域に認められる修飾で，H3K9 のトリメチル化にはヘテロクロマチン特異的タンパク質が結合するほか，H3K27 のメチル化酵素はポリコーム複合体に含まれる．表 2.1 には哺乳類で明らかにされているヒストン修飾酵素の一部をまとめており，ヒトやマウスで 50 種以上が報告されている．

c. 受精卵と始原生殖細胞におけるヒストン修飾

精子形成過程では，DNA をより高度に折りたたむためにヒストンはプロタミンへと変換される．受精後，精子核のプロタミンのジスルフィド結合は切断され，直ちに卵細胞質内に存在するヒストンと置き換わる．先に述べた通り，雌雄の前核間で DNA のメチル化レベルに差異が存在したようにヒストン修飾にも差異があり，H3K9 のジメチル化は雌性前核に局在している．その意義としては，H3K9 のジメチル化は他の因子と共同して，雌性前核ゲノムを能動的 DNA 脱メチル化からブロックしていると考えられている[4]．実際，この時期に H3K9 が脱メチル化されると，雌性前核でも DNA の能動的脱メチル化が誘導される．

DNA メチル化と同様に，生殖細胞形成過程においてもヒストン修飾はダイナミックに変化する．始原生殖細胞の出現直後には，ほぼすべてにおいて H3K9 のジメチル化レベルが高い．しかし，発生が半日進むと高いジメチル化レベルを示す細胞が半減し，異動期（出現からおよそ 2 日後）の始原生殖細胞の多くは低いレベルの H3K9 ジメチル化を示す．この間は H3K9 メチル化酵素の発現も抑制される．一方，H3K27 のトリメチル化レベルに着目すると，始原生殖細胞の出現直後は高レベルの H3K27 のトリメチル化は確認できないが，異動期の始原生殖細胞ではほぼすべてで核全体における H3K27 のトリメチル化レベルが高くなる．一見，この事実は上述してきたヒストン修飾の役割と矛盾しているようにも思われるが，転写抑制のためのヒストン修飾が形を変えて継続していると解釈することができる．このようなヒストン修飾の変化もまた，生殖細胞形成過程におけるリプログラムに必須であると考えられる[12]．

d. 多能性幹細胞の分化制御におけるヒストン修飾の役割

マウスの胚性幹（ES）細胞は胚盤胞の ICM から生じ，多分化能（内・外・中胚葉と生殖細胞への分可能）と無限増殖能を有する細胞である（詳細は 10，12 章参照）．一方，T 細胞はリンパ球の一種で終末分化した細胞である．*Oct4*，*Sox2* などの未分化マーカー遺伝子は ES 細胞では発現しているが，T 細胞では発現していない．また ES 細胞と T 細胞の両者においては，*Mash1*，*Msx1* など神経系で発現する遺伝子は抑制されている．このような特徴をもつ細胞でヒストン修飾を解析してみると，*Oct4* と *Sox2* の発現制御領域は，ES 細胞では高レベルで H3K9 がアセチル化されており，H3K27 のトリメチル化はほとんど認められない．また，T 細胞では ES 細胞とは逆に *Oct4* と *Sox2* の発現制御領域で H3K9 のアセチル化はほとんど確認されず，H3K27 がトリメチル化されている．*Mash1* と *Msx1* の発現制御領域においては，ES 細胞と T 細胞でともに H3K27 がトリメチル化されている．

ここまでは予想される通りであるが，興味深い事実として，*Mash1* と *Msx*1 の発現制御領域では ES 細胞においてのみ H3K9 がアセチル化されていることがある．つまり ES 細胞において，*Mash1*，*Msx1* などの神経系で発現する遺伝子の制御領域では，転写活性マークの H3K9 アセチル化修飾と転写抑制マークの H3K27 トリメチル化修飾が共存していることになる．このような状態はビバレント状態と呼ばれ，その他の遺伝子の発現制御領域でも観察されており，ES 細胞のような多能性幹細胞に特有な状態である．ビバレント状態は，ES 細胞が分化誘導後すぐにこれらの遺伝子を発現できるようにする機構と考えられている[13]．また前述した通り，H3K27 のメチル化酵素はポリコーム複合体に含まれており，ES 細胞の多能性維持にポリコーム複合体が必要不可欠なことは，遺伝子の欠損実験によっても証明されている[14]．

エピジェネティクスは新しい学問領域であり，今後エピジェネティック修飾の理解はさらに深まるだろう．発生学のみならず，医学における病因解明や治療薬

の開発，家畜の形質改善にも貢献しうることが期待される．　［**尾畑やよい**］

文　献

1） 佐々木裕之編：エピジェネティクス．シュプリンガー・フェアラーク東京（2004）．
2） Cattanach, B. M. and Kirk, M.：*Nature*, **315**, 496-498（1985）．
3） Takagi, N. and Sasaki, M.：*Nature*, **256**, 640-642（1975）．
4） Surani, M. A. and Barton, S. C.：*Science*, **222**, 1034-1036（1983）．
5） McGrath, J. and Solter, D.：*Cell*, **37**, 179-183（1984）．
6） 中尾光善編：生命の原点に挑むエピジェネティクス医科学（実験医学増刊 Vol.24 No.8）．羊土社（2006）．
7） 中村肇伸・仲野　徹：蛋白質 核酸 酵素，**52**，434-440（2007）．
8） Branco, M. R. et al.：*Nat. Rev. Genet.*, **13**, 7-13（2011）．
9） Monk, M. et al.：*Development*, **99**, 371-382（1987）．
10） Kobayashi, H. et al.：*Genome Res.*, **23**, 616-627（2013）．
11） Nakanishi, M. O. et al.：*Epigenetics*, **7**, 173-182（2012）．
12） 斎藤通紀：蛋白質 核酸 酵素，**51**，1058-1071（2006）．
13） Azuara, V. et al.：*Nat. Cell Biol.*, **8**, 532-538（2006）．
14） 遠藤充浩・古関明彦：実験医学，**30**，2902-2907（2012）．

3

卵子の IVGMFC

3.1 はじめに

卵子のもととなる卵母細胞は卵巣内で発育し，成熟して排卵され，卵管内で精子と受精し，卵割を繰り返した後，子宮に着床し胎子へと発生する（**図 3.1**）．これらの過程を体外で再現することができれば，それぞれの現象をより詳細に解析することができる．

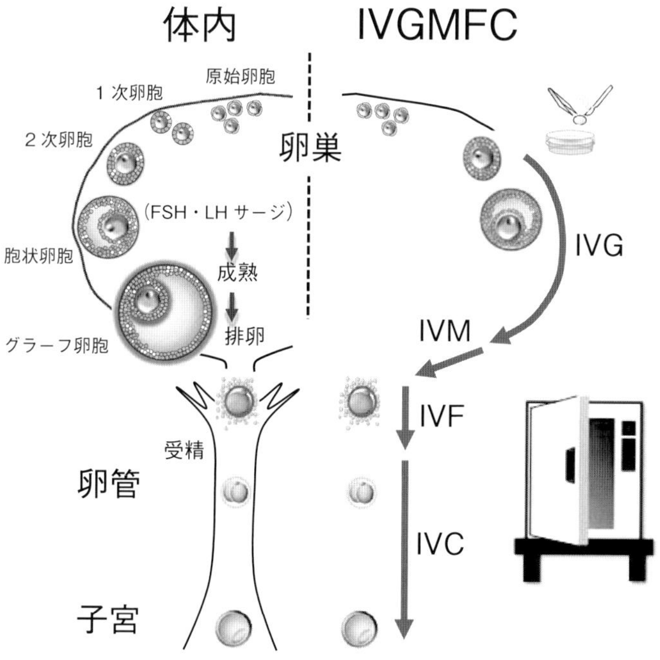

図 3.1　卵母細胞の発育・成熟・受精・発生と IVGMFC

本章タイトルにある「IVGMFC」とは，本書編著者の佐藤英明博士の造語である．体外受精（in vitro fertilization，IVF），体外成熟（in vitro maturation，IVM），体外発生培養（in vitro culture，IVC）あるいは胚移植（embryo transfer，ET）などの技術の発達とともに，これらの技術が組み合わされ，IVM/IVF，IVF/ET，IVM/IVF/IVC あるいは IVM/IVF/ET といった言葉が使われ始めた．また卵巣内の小さな卵母細胞を体外で発育（成長）させる技術が近年マウスにおいて開発され，体外発育（in vitro growth，IVG）と呼ばれていることから，これら卵子に関わる一連の技術を統合して「卵子の IVG/IVM/IVF/IVC」，略して「卵子の IVGMFC」という言葉が誕生した．

性的に成熟した雌の哺乳類では，性周期の間に一度，動物種によって決まった数の 1 次卵母細胞（以下，卵母細胞と呼ぶ）が卵巣内で成熟し，2 次卵母細胞となって卵管へと排卵される．一般的に，排卵された 2 次卵母細胞は，雄の配偶子である「精子」に対して「卵子」と呼ばれるが，卵巣内にはこの卵子のもととなる卵母細胞が莫大な数存在している．現在，家畜の受精卵の生産やヒトの体外受精に用いられる卵子は，卵巣内で発育を完了した卵母細胞に限られているが，卵巣内の小さな卵母細胞を体外で発育させることができれば，IVM，IVF，IVC と組み合わせることによって，大量の受精卵（胚）を作出できる可能性がある（図 3.1）．これが「卵子の IVGMFC」である．本章では主に IVG について解説するが，技術の紹介に先立って，その背景となる卵巣内における卵母細胞の発育と，IVG の周辺技術（IVM，IVF，IVC）について述べる．

3.2　卵母細胞の発育と卵胞の発達

3.2.1　卵母細胞の発育

哺乳類の胎子の卵巣内では，卵原細胞は増殖した後に減数分裂を開始して卵母細胞となり，第 1 減数分裂前期のディプロテン期に達して減数分裂を休止する．ここまでの過程は，ほとんどの動物種において胎子期に起こるため，出生後の動物の卵巣内には卵母細胞のみが存在することになる．

卵母細胞の発育は，卵胞の発達とともに起こる（図 3.1 参照）．卵巣内で第 1 減数分裂を休止した卵母細胞は，扁平な 1 層の顆粒膜細胞によって取り囲まれ，原始卵胞（primordial follicle）を形成する．卵胞は卵母細胞を育てる基本となるユニットであり，卵母細胞の発育は卵胞の発達と同調して進行する．卵母細胞が発育を開始すると，顆粒膜細胞はその形態を立方体状へと変化させたのち増殖し，卵胞は原始卵胞から，1 次卵胞（primary follicle），2 次卵胞（secondary follicle），ついで内部に卵胞液を蓄えた胞状卵胞（antral follicle もしくは 3 次卵胞，tertiary follicle）へと発達する．排卵直前の大きさへと発達した胞状卵胞は，特に発見者の名にちなんでグラーフ卵胞（Graafian follicle）と呼ばれる．原始卵胞内の発育開始前の卵母細胞の直径は，ウシやブタ，ヒトでは約 30 μm（0.03 mm），マウスやラットなど齧歯類では約 20 μm であり，最終の直径は，ウシやブタ，ヒトで約 120 μm（透明帯を除く），齧歯類では約 75 μm である．

卵母細胞と周囲の顆粒膜細胞の間には，原始卵胞の形成時からギャップ結合（gap junction）と呼ばれる特殊な結合が存在し，この結合を通して顆粒膜細胞から卵母細胞へ種々の物質が運ばれる．また，顆粒膜細胞どうしもギャップ結合によってお互い連結し，この結合を通して物質を交換する．蛋白質や RNA などの巨大分子はこの結合を通過できないが，アミノ酸や核酸，糖などの通過は容易である．卵母細胞が一定の大きさに達すると周囲には透明帯が形成され始めるが，透明帯が形成されたのちも，それを貫いて顆粒膜細胞から細い突起（trans-zonal projection）が卵母細胞に向かって伸びており，その先端は卵母細胞と結合している．

3.2.2 卵胞の発達

原始卵胞は胎子期あるいは出生直後の卵巣内で形成されるが，原始卵胞内の卵母細胞は一斉に発育を開始するわけではなく，動物の長い生涯を通して徐々に発育を開始する．原始卵胞の一部は動物の成長に伴って発達を開始し，雌の動物が性成熟に達する前に胞状卵胞に至り，内部の卵母細胞は発育を完了する．一方残りの多くの原始卵胞は，動物が性成熟に達した後も発達を開始しない．このため，成体の動物の卵巣内に最も多く存在するのは原始卵胞であり，発達の進んだ卵胞ほどその数は少ない．

原始卵胞内に存在する発育開始前の卵母細胞が発育を完了する大きさに達するまでの正確なデータはないが，マウスでは 2〜3 週間，ウシやブタでは数か月を要すると考えられている．

3.3 IVG の周辺技術（IVM, IVF, IVC）

卵母細胞の発育，成熟，受精と，それに続く胚発生は，雌性配偶子形成から個体発生に至る一連のダイナミックな変化である．それを体外で再現する IVG, IVM, IVF, IVC は，卵母細胞の発育から着床前の胚発生に至るそれぞれの生命現象を解明する目的で，独自の歴史をもち，独自の発展をとげている．しかしこれらの現象のうち，雌雄の配偶子が融合して，新しい生命の出発点となる受精は最も劇的な現象であり，これを体外で再現する IVF の成功以降に IVG, IVM, IVC が発達してきたともいえる．

いずれの技術も，細胞や組織を体外の無菌的な条件下で一定期間培養する必要がある．組織や細胞の体外培養技術は，1907 年の Harrison によるカエル神経細胞の培養にさかのぼることができるが[1)]，培養液，培養容器，培養装置，無菌操作法などが発明・改良され，哺乳類の卵母細胞や胚の培養が可能となった．以下，IVM, IVF, IVC の順にその歴史を手短に振り返る．

3.3.1 IVM

動物が性成熟を迎えると，周期的に下垂体から大量の FSH と LH が放出され，両ホルモンの血中濃度の急速な上昇（サージ，surge）が起こる．胞状卵胞内で発育を完了したばかりの卵母細胞の一部は，これに反応して減数分裂を再開する．卵巣内で発育を完了した卵母細胞に精子を加えても受精は起こらない．成熟とは，発育過程を終えた卵母細胞が，性腺刺激ホルモンのサージを受けて第 1 減数分裂を再開し，第 2 減数分裂中期（metaphase Ⅱ，MⅡ）に至って受精可能な状態となることをいう．卵巣内の，発育開始前あるいは発育途上の卵母細胞には成熟する能力がなく，卵母細胞は発育の過程で成熟能力を徐々に獲得する．

ウサギの卵巣内の卵母細胞を体外で培養すると，卵母細胞が減数分裂を再開して成熟することが，1935 年，Pincus と Enzmann によって発見された[2)]（**表 3.1**）．IVF が開発された後の 1970 年代にはマウスで，1980 年代にはウシ[3)]やブタで，IVF と組み合わせて作出された胚がレシピエント（受胚）動物に移植され，卵巣内の卵母細胞に由来する産子が作出されている．

雌の哺乳類が性周期ごとに排卵する卵子の数は，単胎のウシやヒトでは 1 個，多胎のブタやマウスでは 10～20 個である．卵巣内には，排卵される数以上の多

表 3.1　実験動物，ウシ，ブタおよびヒト卵子の体外発育，体外成熟，体外受精，体外発生培養の成功例

体外発育（IVG）		胎子/産子	体外成熟（IVM）		胎子/産子	体外受精（IVF）		胎子/産子	体外発生培養（IVC）		胎子/産子
									1929 ウサギ	Lewis and Gregory[7]	
			1935 ウサギ	Pincus and Enzmann[2]							
			1939 ヒト	Pincus and Saunders							
						1954 ウサギ	Thibault et al.[4]				
						1959 ウサギ	Chang[5]	○			
			1962 マウス，ラット，サルなど	Edwards							
			1965 ブタ，ウシ，ヒツジなど	Edwards[15]							
						1968 マウス	Whittingham	○	1968 マウス	Whitten and Biggers[17]	
						1969 ヒト	Edwards et al.				
			1970 マウス	Cross and Brinster	○				1971 ヒト	Steptoe et al.	
1977 マウス	Eppig[8]					1977 ウシ	Iritani and Niwa[16]				
						1978 ブタ	Iritani et al.				
						1978 ヒト	Steptoe and Edwards[6]	○			
						1982 ウシ	Brackett et al.	○	1985 ヒト	Cohen et al.	○
			1986 ウシ	Hanada et al.[3]	○	1986 ブタ	Cheng et al.	○			
1989 マウス	Eppig and Schroeder	○	1989 ブタ	Mattioli et al.	○				1990 ウシ	McLaughlin et al.[18]	
			1991 ヒト	Cha et al.	○				1991 ブタ	Hagen et al.	
1994 ブタ	Hirao et al.								1992 ウシ	Armstrong et al.	○
1996 マウス（原始卵胞）	Eppig and O'Brien[9]	○							1995 ブタ	Pollard et al.	○
1997 ウシ	Harada et al.										
1999 ウシ	Yamamoto et al.[10]	○									

IVGでは発育培養後に卵母細胞の成熟が確認された報告，IVFでは受精が確認された報告，IVCでは受精卵が胚盤胞へと発生した報告を示す．

くの胞状卵胞が存在することから，IVM と IVF を組み合わせればより多くの受精卵の作出が可能となる．

IVM には，比較的大きな胞状卵胞から採取した卵母細胞-卵丘細胞複合体が用いられる．ウシやブタでは，胞状卵胞が発達する間も卵母細胞は発育を続け，ウシでは卵胞の直径が 2～3 mm に，ブタでは約 4 mm に達すると，卵母細胞はほぼ発育を完了した大きさとなる．これより小さなサイズの卵胞から採取した卵母細胞は，減数分裂を再開しないか，あるいは再開しても MⅡ期に至ることなく，第 1 減数分裂の途中で減数分裂を停止することが多い．

IVM に用いる培養液には血清を添加した MEM や 199 などの組織培養液が使用されることが多く，卵母細胞に成熟を誘起するため，FSH と LH，あるいは同様の作用をもつウマ絨毛性性腺刺激ホルモン（eCG）とヒト絨毛性性腺刺激ホルモン（hCG）の組み合わせや，単独で両者の作用を併せもつヒト閉経期性腺刺激ホルモン（hMG）などが添加される．これらの性腺刺激ホルモンに対する受容体は卵母細胞にはなく，卵丘細胞（顆粒膜細胞）に存在することから，培養には卵母細胞-卵丘細胞複合体が用いられる．ホルモンの刺激を受けた卵丘細胞は，体内と同様に活発にヒアルロン酸を合成・分泌し，卵丘の膨潤化が起こる．

通常，齧歯類やヒトの卵母細胞は 37.0～37.5℃で，ウシやブタの卵母細胞は 38.5～39.0℃で培養される．卵母細胞は，体内で性腺刺激ホルモンのサージを受けた後成熟を完了するまでに要するのとほぼ同じ時間（ウシ：22～24 時間，ブタ：約 36 時間，マウス：約 12 時間）で成熟する．

3.3.2 IVF

IVF は，1950 年代のウサギでの成功[4, 5]以来，1980 年代にかけて様々な動物種で成功し産子が得られた（表 3.1 参照）．ヒトへも応用され，1978 年に Steptoe と Edwards によって最初の体外受精児の出生が報告されたことは有名である[6]．

IVF には，成熟を完了した良質な 2 次卵母細胞（卵子）と，受精能を獲得した精子が必要である．射出された精子はそのままでは卵子に進入せず，動物種によって種々の工夫がなされている．齧歯類では射出精子の代わりに，精巣上体より採取した精子が好んで用いられる．

最も良質な卵子は，動物にホルモンを投与して，体内で卵母細胞を成熟させることによって得られる．ヒトのIVFではホルモンを母体に投与し，体内で成熟させた卵母細胞を排卵直前の卵胞から吸引することによって採取する．また齧歯類のIVFでは，排卵直後の卵子が一般に用いられる．一方，畜産分野では優良な形質をもつ雌ウシからより多くの受精卵を作出することを目的として，卵巣内の卵母細胞から成熟卵を生産するIVMも積極的に開発され，と畜場で採取した卵巣から未成熟な卵母細胞を採取し，IVM後に優良な形質をもつ雄ウシの精子を用いてIVFすることで受精卵が生産されている．

齧歯類のIVFには，ウシ血清アルブミン（BSA）を添加した単純な組成の合成培養液（TYHやHTF）が用いられることが多い．

3.3.3 IVC

卵管中で受精した卵子（受精卵）は，卵割を繰り返しながら子宮へと下降する．卵割後の受精卵は「胚」あるいは「初期胚」と呼ばれるが，卵割が進むと割球間の接着が強まり，コンパクションを起こして桑実胚となる．その後，内部に液の溜まった腔所（胚盤胞腔）が出現して胚盤胞となる．

IVCは，IVF後の受精卵を目的のステージまで培養して発生させる技術である．通常IVCがカバーするのは着床前の胚盤胞までであり，マウス，ヒト，ブタ，ウシにおけるIVCはほぼ確立されている．作出された受精卵から産子を得るには，レシピエント動物への胚移植が行われる．膣を経由する非外科的な移植技術が確立しているウシやヒトでは，約1週間のIVCで受精卵を胚盤胞へと発生させ，子宮に移植するのが一般的である．一方齧歯類では，通常開腹を伴う外科手術によって胚が移植され，早いものでは2細胞期胚が卵管に移植される．

IVCの始まりはIVMやIVFよりも古く，1929年にはウサギの初期胚の培養がすでに報告されている[7)]（表3.1参照）．しかし，受精卵から胚盤胞までのIVCは容易ではなく，マウスにおける2細胞期停止や，ブタにおける4細胞期停止，ウシにおける8細胞期停止などの問題に悩まされた．これらの問題が克服されて現在のものに近いIVCへと発展したのは，マウスでは1970年代以降，ウシやブタでは1990年代以降である．古くは血清そのものや，血清を添加したリン酸緩衝液などが培養液として用いられていたが，現在では血清やアミノ酸を添加した組織培養液，あるいは卵管液の組成を参考にして開発された合成培養液が好んで用いられている．

IVC は，IVM，IVF，ET，胚の凍結保存技術と併用され，ウシなどの家畜の生産や，ヒトの生殖補助医療を支える基盤技術となっている．肉用牛の卵巣から採取した卵母細胞を用いて胚を作出・凍結保存し，受胚牛の乳用牛に移植することによって，肉用子ウシを生産することが可能であり，日本では体外受精胚から年間約 1 万頭の子ウシが生産されている．また，胚性幹細胞（ES 細胞）の作出やキメラ動物の作出などの胚の操作技術も，IVC の発展なくしてはありえなかった．

3.4　卵子の IVGMFC

卵巣内の発育を完了した卵母細胞の数に比べて，発育開始前あるいは発育途上の段階にある卵母細胞の数は極めて多い．雌ウシ 1 頭あたりの卵巣には，原始卵胞は 10〜20 万個（平均 13.3 万個），発達途上の卵胞が 200〜300 個存在しており，ブタやヒトではそれぞれ数十万個の原始卵胞が存在していると見積もられている．

原始卵胞内の発育開始前の卵母細胞や，1 次卵胞以降の卵胞内に含まれる発育途上の卵母細胞を体外で発育させる IVG を，IVM，IVF，IVC と組み合わせれば，優秀な雌ウシの卵巣から極めて多数の受精卵や胚を生産できることになる．また，穿刺した卵巣組織中の小さな卵母細胞から胚を生産することも可能となるかもしれない．

以下，研究の進んでいるマウスとウシの IVG について概要を紹介する．

3.4.1　マウス卵子の IVGMFC

出生直後のマウスの卵巣内には，卵胞形成前の卵母細胞あるいは原始卵胞しか存在しておらず，卵母細胞の直径は 15〜20 μm と均一である．卵母細胞は，出生後の日齢が進むにつれて急速に発育し，2 日齢の卵巣内には 1 次卵胞が，4 日齢では 2 次卵胞が観察され始める．このため，出生直後のマウスの卵巣を IVG に用いて，培養がうまくいけば急速な卵母細胞の発育を観察できる．

マウス IVG の体系的な研究は，1977 年の Eppig の研究[8)]にさかのぼることができる（表 3.1 参照）．この研究では，8 日齢のマウス卵巣から取り出した直径 50 μm 弱の卵母細胞を，卵母細胞-顆粒膜細胞複合体の状態で 7〜12 日間体外で培養すると，発育し成熟することが示された．1989 年には，12 日齢のマウス卵巣から採取した発育途上の卵母細胞を 10 日間 IVG することによって卵母細胞を発育させた後，IVM，IVF によって作出した胚を移植して産子が得られている．

さらに 1996 年には，Eppig と O'Brien[9] が IVG を用い，マウス新生子の卵巣内にある原始卵胞中の，直径約 20 μm の卵母細胞を最終の大きさへと発育させ，その後の IVM，IVF によって得た 2 細胞期胚をレシピエントマウスに移植することによって，1 匹の産子を得ることに成功した．この実験には，以下に述べる卵巣の器官培養法と卵母細胞-顆粒膜細胞複合体培養法が巧みに組み合わせられている．

a．卵巣の器官培養・組織培養

マウス卵巣の器官培養法は卵巣を丸ごと培養する方法で，出生直後あるいは出生後数日以内のマウスの卵巣が用いられる．摘出された卵巣では，摘出直後から血流による酸素や栄養分の補給がなくなり，その後の IVG において卵巣は表面から培養液中の酸素や栄養分を取り込むことになる．そのため，大きな卵巣や組織の培養にはこの方法は適さず，培養期間中に中心部から酸欠による壊死が起こり，しだいに周囲へと広がる．また卵巣や組織を培養液中に完全に浸けた状態で培養した場合も，同様な酸欠が起こる．したがって培養時には器官培養用ディッシュ（**図 3.2a**）または培養用インサート（図 3.2b）を用い，メンブレン上に卵

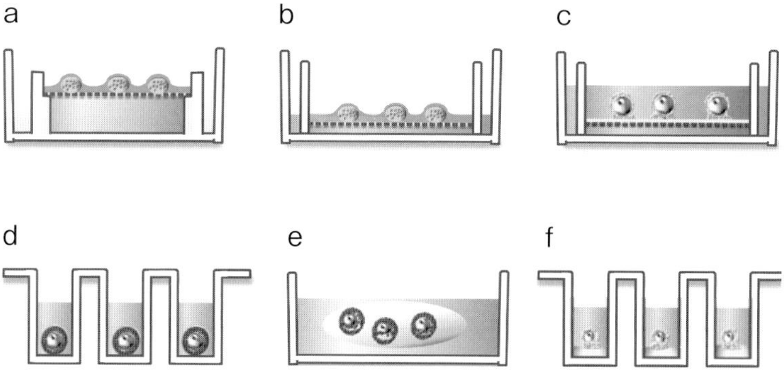

図 3.2　卵母細胞の IVG

a：器官培養用ディッシュを用いた卵巣の器官培養，b：培養用インサートを用いた卵巣の器官培養，c：表面をコラーゲンゲルで処理した培養用インサートを用いた卵母細胞-顆粒膜細胞複合体培養，d：96 ウェルプレートを用いた卵胞培養，e：アルギン酸ゲルあるいはコラーゲンゲル中に，卵胞や卵母細胞-顆粒膜細胞複合体を包埋して培養するゲル包埋培養，f：底面をコラーゲンゲルで処理した 96 ウェルプレートを用いた，卵母細胞-卵丘細胞-壁顆粒膜細胞複合体の開放型培養．

巣や組織片を置き，表面に培養液の薄い皮膜をつくらせた状態で培養する．培養液には血清を添加した組織培養液が用いられる．

器官培養や組織培養を用いた IVG において，内部の卵母細胞の発育や卵胞の発達状況を知るには，組織染色標本を作製するか，組織を酵素処理して卵母細胞や卵胞を取り出す必要がある．通常の卵巣組織中には様々な発育段階の卵母細胞が含まれていることから，均一な発育段階の卵母細胞を含む組織を切り出して培養したり，培養前に組織中の卵母細胞の直径の分布を調べたりしておかないと，IVG 後の卵母細胞の発育の判定が困難となる．

b. 卵母細胞-顆粒膜細胞複合体培養

マウスの発育途上の卵母細胞には，卵母細胞-顆粒膜細胞複合体培養法が用いられることが多い（図 3.2c）．日齢が進んだマウスの卵巣や，器官培養した卵巣を酵素処理することによって，卵母細胞-顆粒膜細胞複合体を採取する．前述した Eppig と O'Brien の研究[9]では，8 日間器官培養した卵巣をコラゲナーゼによって処理して得た卵母細胞-顆粒膜細胞複合体を，その後 14 日間卵母細胞-顆粒膜細胞複合体培養法によって培養することによって，卵母細胞を最終の大きさへと発育させている．

卵胞は，卵母細胞と顆粒膜細胞，さらにその外側を覆う卵胞膜細胞から成り立っているが，通常卵巣組織をコラゲナーゼで処理すると，顆粒膜細胞と卵胞膜細胞を隔てる基底膜が消化され，卵胞膜細胞を含まない卵母細胞-顆粒膜細胞複合体が採取できる．卵母細胞-顆粒膜細胞複合体培養法では複合体の採取に手間がかかるが，培養前に卵母細胞の直径を測定することができ，発育のそろった卵母細胞を選別して培養することもできる．

培養には，ウシ胎子血清を含む組織培養液が用いられる．培養液には，さらにヒポキサンチンや 3-イソブチル-1-メチルキサンチン（IBMX）など，卵母細胞の減数分裂の再開を抑制する作用のある物質が添加される．これを入れておかないと，IVG 中に発育した卵母細胞が減数分裂を再開する能力を獲得し，大きくなった卵母細胞から順に減数分裂を再開してしまう．培養法によっては，卵母細胞がしっかりと顆粒膜細胞によって取り囲まれ，これらの抑制剤を添加せずとも卵母細胞の減数分裂が再開しない場合もある．

卵母細胞-顆粒膜細胞複合体培養中に裸化した卵母細胞は，その後退行する．IVG の間，周囲の顆粒膜細胞との結合を維持し続けることが，卵母細胞の発育には必須の条件である．

発育途上のマウスやウシの卵母細胞の培養法としては，顕微鏡下に切り出した2次卵胞を培養する方法（卵胞培養，図3.2d）や，1次卵胞をアルギン酸ゲル中に包埋して培養する方法もある（図3.2e）．卵胞培養は，顆粒膜細胞層のさらに外側に基底膜と卵胞膜細胞層が存在している点で卵母細胞-顆粒膜細胞複合体とは異なり，卵胞膜細胞の影響を考慮する必要がある．

3.4.2　ウシ卵子のIVGMFC

マウス以外の動物種におけるIVGMFCで，産子が得られているのはウシに限られている（表3.1参照）．材料としては発育途上の卵母細胞が用いられており，マウスのように原始卵胞中の発育開始前の卵母細胞を，IVGで最終の大きさへ発育させたとの報告はない．大型動物の発育開始前の卵母細胞は，最終の大きさに達するまでおそらく数か月を要することから，培養法が未だ開発されていないのが現状である．

1999年にIVG（コラーゲンゲル包埋培養）による子ウシの出産が報告され[10]，2004年にはポリビニルピロリドン（PVP）添加培養液を用いたIVG（開放型培養）による子ウシの出産が報告された[11]．コラーゲンゲル包埋培養と開放型培養には，初期胞状卵胞から採取した発育途上の卵母細胞を含む卵母細胞-卵丘細胞-壁顆粒膜細胞が用いられており，マウスIVGの卵母細胞-顆粒膜細胞複合体培養の変法といえる．

a．　コラーゲンゲル包埋培養

ウシの卵巣表層から，直径0.5～0.7 mmの初期胞状卵胞を顕微鏡下で切り出し，卵胞を破砕して卵母細胞-卵丘細胞-壁顆粒膜細胞複合体を採取する．この大きさの胞状卵胞内の卵母細胞の直径は90～99 μmであり，成熟する能力をもたない．

IVGでは，卵母細胞と周囲の顆粒膜細胞との結合を維持する必要がある．ブタ卵母細胞のIVGに用いたコラーゲンゲル包埋培養法をウシに適用すると（図3.2e），卵母細胞-卵丘細胞-壁顆粒膜細胞複合体の三次元構造は維持され，顆粒膜細胞は増殖し，複合体はゲル中で卵胞腔様の構造を形成する．この構造中で卵母細胞と顆粒膜細胞との結合は維持され，卵母細胞は発育する（**図3.3a**）．

培養には，ウシ胎子血清とヒポキサンチンを添加した組織培養液を用いる．2

週間の IVG 後も卵母細胞の生存性は比較的良好に維持され，一部の卵母細胞は最終の大きさへと発育する．この方法によって発育させた卵母細胞を IVM，IVF，IVC することで作出した胚盤胞を移植して，1 頭の産子が得られている[10]．

b. 開放型培養

ウシの初期胞状卵胞より採取した卵母細胞-卵丘細胞-壁顆粒膜細胞複合体を，コラーゲンで底面を処理した培養皿あるいは 96 ウェルプレートを用いて培養する（図 3.2f）．ゲルに埋めることなく，4%（w/v）の濃度の PVP を含む粘稠性の高い培養液中で培養する点に特徴がある[11]．ゲルへの包埋がないことから，培養期間中も複合体内部が観察できる点で優れている．

IVG の間，複合体の顆粒膜細胞は増殖し，卵母細胞を取り囲んでドーム様の構造を形成する（図 3.3b）．培養液にエストラジオール-17β を添加するとドーム様構造の形成は促進され，さらにアンドロステンジオンを添加すると IVG 後の卵母細胞の成熟率が上昇する．2 週間培養した卵母細胞を IVM，IVF，IVC することによって，約 9%が胚盤胞へと発生し，その後の胚移植によって産子も得られている[11]．この培養法は現在さらに改良され，高率に成熟卵を作出することに成功している[12]．IVG 後の卵母細胞の生存性は約 95%，IVM による成熟率も約 60%と高い．卵巣内で起こる卵母細胞（卵胞）の選抜は起こらず，培養した発育途上の卵母細胞は，培養日数の経過とともにそろって発育する（図

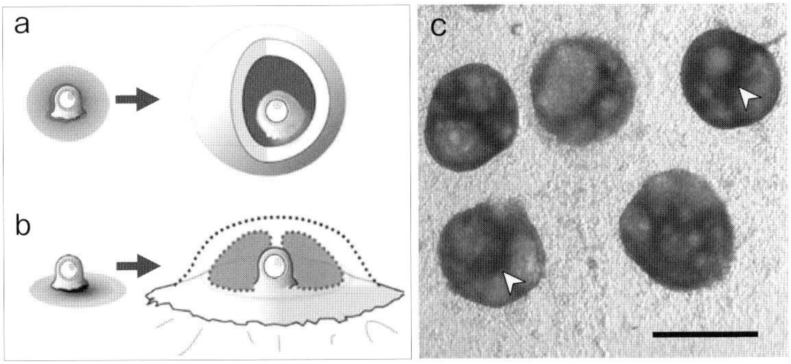

図 3.3 ウシ卵母細胞の IVG

a：卵母細胞-卵丘細胞-壁顆粒膜細胞複合体を，コラーゲンゲルに包埋して培養すると，複合体はゲル中で卵胞腔様の構造を形成する．b，c：卵母細胞-卵丘細胞-壁顆粒膜細胞複合体を，コラーゲンゲル上で PVP を添加した培養液中で培養すると，複合体はドーム様の構造を形成する．c の矢印の先には，ドーム様構造内部の卵母細胞が観察される．図中のバーは 1 mm.

3.3c).

ここにあげた2種類の培養法では，いずれも培養期間中に体内の卵胞に類似した構造が形成される．Eppigらによるマウスの実験ではこのような構造が形成されることなく，卵母細胞は最終の大きさへと発育したが，ウシでは卵胞に類似した構造を形成した複合体中での卵母細胞の生存性は高く，よく発育する．マウスでは，胞状卵胞を形成する時点で卵母細胞がほぼ最終の大きさへと発育しているのに対して，ウシなどの大型動物では卵胞腔形成後も卵母細胞が発育し続ける点で異なっており，これがマウスのIVGとは異なる構造を形成する一因となっているのかもしれない．

3.5 今後の展望

IVGMFCのうちIVGは，他の技術に比べて歴史が浅く，未だ実験段階にある．材料とする卵母細胞のサイズにもよるが，卵巣内に最も多く存在する原始卵胞内の発育開始前の卵母細胞については，マウスで成功例が報告されているにすぎない．ウシでは最近，卵巣から採取した発育途上のウシ卵母細胞から高率に卵子を生産するシステムが開発され，IVGMFCが現実味を帯びてきているが，利用できる卵母細胞は現在のところ初期胞状卵胞内の発育後期の卵母細胞であり，2次卵胞以前の卵胞内の卵母細胞の利用技術はない．またこれら2種の動物においても，IVGで発育させた卵母細胞の産子への発生率は低く，さらに検討すべき多くの課題が残されている．

IVGMFCは，凍結保存技術と組み合わせれば，“oocyte banking”への道を開く可能性がある．原始卵胞を含む少量の卵巣組織を凍結保存し，必要なときに融解して，IVGMFCによって胚をつくり出すことができれば，優良な形質をもつ家畜や希少な動物種の保存，ヒトの不妊症の治療にも新たな技術を提供できる．最近Hayashiらは，マウスES細胞とiPS細胞から卵子の作出に成功し[13]，さらにIVGMFC技術と組み合わせて，完全に体外で体細胞から受精卵を作出することに成功した[14]．IVGMFCは，大きな展開を見せている．

［宮野 隆・平尾雄二］

文　献

1） Harrison, R. G.: *Anat. Rec.*, **1**, 116–128（1907）.
2） Pincus, G. and Enzmann, E. V.：*J. Exp. Med.*, **62**, 665–675（1935）.
3） Hanada, A. et al.：*Proc. 78th Ann. Meet. Jpn Soc. Zootech. Sci.*, 18（1986）.
4） Thibault, C. et al.：*C. R. Seances Soc. Biol. Fil.*, **148**, 789–790（1954）.
5） Chang, M. C.：*Nature*, **184**（Suppl 7）, 466–467（1959）.
6） Steptoe, P. C. and Edwards, R. G.：*Lancet*, **2**, 366（1978）.
7） Lewis, W. H. and Gregory, P. W.：*Science*, **69**, 226–229（1929）.
8） Eppig, J. J.：*Dev. Biol.*, **60**, 371–388（1977）.
9） Eppig, J. J. and O'Brien, M. J.：*Biol. Reprod.*, **54**, 197–207（1996）.
10） Yamamoto, K. et al.：*Theriogenology*, **52**, 81–89（1999）.
11） Hirao, Y. et al.：*Biol. Reprod.*, **70**, 83–91（2004）.
12） Hirao, Y. et al.：*Biol. Reprod.*, **89**（3）57, 1–11（2013）.
13） Hayashi, K. et al.：*Science*, **338**, 971–975（2012）.
14） Hikabe, O. et al.：*Nature*, **539**, 299–303（2016）.
15） Edwards, R. G.：*Nature*, **208**, 349–351（1965）.
16） Iritani, A. and Niwa, K.：*J. Reprod. Fertil.*, **50**, 119–121（1977）.
17） Whitten, W. K. and Biggers, J. D.：*J. Reprod. Fertil.*, **17**, 399–401（1968）.
18） McLaughlin, K. J. et al.：*Theriogenology*, **33**, 1191–1199（1990）.

4 胚の全胚培養

4.1 はじめに

ごく一部の例外を除いて，哺乳類の胎子は母体の子宮内で発育し，母体外で発育する魚類や両生類，鳥類に比較して，その発育過程を経時的に観察することは難しい．そのため，胎子を母体から取り出して培養することによって，発育過程を観察しようとする試みが古くからなされてきた．本章においては，主にマウス胚およびラット胚を用いた全胚培養について記載する．

4.2 全胚培養の歴史

1920 年代までは，着床前の初期胚に関する報告しかなされていなかった．1930 年代になり，現在でいうところの「全胚培養」，すなわち着床後の哺乳類胚を体外培養する試みが始まり，子宮から取り出したラット胚をラット血漿を含む培養液で培養することによって，2〜16 体節期まで成長させることに成功した[1,2]．

1960 年代になり，全胚培養技術は急速に発展した．背景には，サリドマイド薬害の発生が関わっていると考えられている．サリドマイドは旧西ドイツで開発された睡眠・鎮静剤であり，主たる目的の睡眠導入薬として使用されたばかりか，妊婦の悪阻にも効果的であるとされ，数多くの妊婦によって服用された．しかし，新生児の特に上肢に奇形（アザラシ肢症）を誘発する危険があることが判明したことから，医薬品による催奇形性の存在が明らかとなった[3)]．こうした問題を未然に回避すべく，化学物質の催奇形性を評価する目的で，特に器官形成期に焦点を合わせた研究解析手法の開発に力が注がれたわけである．

そして New や Stein らは，マウスおよびラット胚を時計皿に静置培養した．この方法は，高湿度を保ちつつ高酸素分圧下で胚を培養するものであり，培養胚の約7割に血液循環系の形成が認められるとともに，約3割が胚芽形成期まで発育し，発育した胚子の心拍動は3日間以上確認された[4,5]．さらにNewは研究を進め，より長時間の全胚培養を可能とするために，ガラス製の筒状の培養管に胚を固定したまま，培養液を気相ごと循環させる方法を考案した．この方法によって，マウスおよびラットの器官形成期（マウス7〜10日胚，ラット9〜11日）について約4日間の培養が可能となり，胚の発育も著しく発達した．この方法では固定した状態の胚を経時的に観察できるという利点があるものの，大量の培養液と複雑な装置を必要とする上，操作が煩雑であり，微生物汚染リスクも高いといった欠点があった．

4.3　自動送気型回転式胎仔培養装置による全胚培養

1970年代になり，Newらは現在の回転式培養法の前身となる，ローラーボトル法による全胚培養法を考案した[6]．すなわち，胚を培養液とともに培養ボトルに移した後，混合ガス（酸素，二酸化炭素，窒素）を注入し培養器内で回転させることで，混合ガスが培養液に吸収されるとともに，胚が培養液内を動くことで混合ガスや培養液成分を容易に吸収できる仕組みである．しかしこのローラーボトル法では，数時間ごとに混合ガスを培養ボトルに注入しなくてはならず，長時間の培養や，十分量の混合ガス供給を必要とする器官形成期中期以降の胚培養についてはは問題点が残された．

図4.1　回転式胎仔培養装置・回転ドラム1基型（池本理化工業製）
恒温器内に回転式ドラムがセットされており，セットされたバイアル瓶内にドラム内部を経由して気相を送ることが可能である．

こういった全胚培養法の欠点を解決すべく，自動送気型回転式胎仔培養装置が開発され，種々の培養条件の最適化を目指した改良が加えられて，現在広く使用されている（**図4.1**）．自動送気型回転式胎仔培養装置においては，複数の培養液と胚の入ったガラスバイアル瓶（**図4.2**）がセットされた回転ドラム（**図4.3**）を用いて，恒温器内で回転培養を行いながら，回転ドラムから胚の入ったガラスバイアル瓶に滅菌された混合ガスを連続的に供給できる．また，培養中の胚へのアクセスも容易であり，前述の欠点を克服した優れた手法と考えられ，発生学の発展に大きく貢献している[7,8]．

全胚培養に用いられる培養液に関して，その最適化はまだ十分に検討されたとはいえず，必須成分や有効成分については不明な点が多い．また着床後，胚の培養には100％血清が用いられるが，溶血した血液から得られた血清を用いると培養成績が著しく低下するとされており，培養に合わせて調整することが望ましい．本来，培養する胚と同種の動物血清を用いることが最適と考えられるが，採血に関する労力や採取量，入手のしやすさ，ランニングコストなどの面から，ラット血清を用いることが一般的である．

胚の摘出においては，物理的な障害を与えないよう細心の注意を払いつつ，無菌条件下で子宮から脱落膜を摘出し，そこから目的の胚を取り出す必要がある．培養開始時期にもよるが，濾過滅菌済みのTyrode液もしくはHank's液などの胚摘出用の培養液中で，培養に不要な部分を剥がして目的の胚を得る．

摘出した胚については，必要に応じて実験操作を加えた後，スパーテルもしくはスポイトなどを用いて培養液の入ったガラスバイアル瓶に移し，前述の恒温器内の回転ドラムにセットし培養を開始する．その際，胚の発育時期に合わせた混合ガス（酸素，二酸化炭素，窒素）を用意し，また十分なガス交換を行うため回転ドラムは20 rpmで回転させるととも

図 4.2　ガラスバイアル瓶（池本理化工業製，東北大学大学院医学系研究科・大隅典子教授のご厚意による）
回転式胎仔培養装置を用いた全胚培養時に，胚子と培養液を入れるガラスバイアル瓶．

図 4.3　回転ドラム（池本理化工業製，東北大学大学院医学系研究科・大隅典子教授のご厚意による）
全胚培養時に回転することにより，ドラム内部を通過した気相がバイアル瓶内に送り込まれ，バイアル瓶内の培養液において胚子の発育に必要なガス交換がなされる．

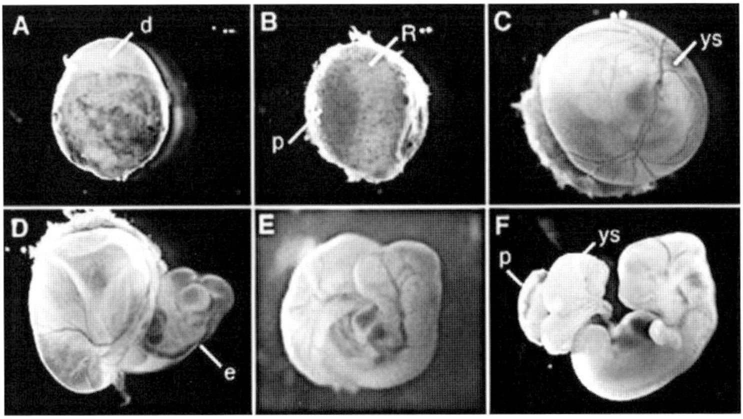

図 4.4　胎生 12.5 日齢ラット胎子を用いた全胚培養の過程[7)]
A：妊娠ラット子宮から得られた受胎産物（d：脱落膜）.
B：胎盤側にて脱落膜を除去した状態（p：胎盤，R：ライヘルト膜）.
C：さらにライヘルト膜を除去した状態（ys：卵黄嚢）.
D：卵黄嚢の開口とラット胎子（e）の摘出.
E：全胚培養開始 6 時間後.
F：全胚培養開始 42 時間後.

に，培養期間を通じて至適温度を保つ必要がある（**図 4.4**）.

全胚培養に用いられる胚の発生段階としては，中胚葉形成が開始する時期である器官形成初期から，四肢の手指が形成される時期である器官形成後期にあたり，マウスでは胎生 6〜11 日齢，ラットでは胎生 8〜13 日齢ほどである．特に，マウスでは胎生 8〜10 日齢，ラットでは胎生 9〜11 日齢で培養を開始すると培養成績が良好となり，ラット胎生 9 日齢の胚などは 4〜5 日間の培養が可能とされている．一方，器官形成後期以降の胚の発育は胎盤機能に依存するところが大きくなっていくため，それ以降のものの全胚培養は極めて難しいと考えられる.

4.4　催奇形性試験，実験発生学，発生工学への応用

前述した通り，全胚培養技術には催奇形性試験への応用が期待されて急速な発展を遂げたという経緯がある．すなわち，特に器官形成期における化学物質の催奇形性を評価する解析手法としての全胚培養技術である.

回転式胎仔培養装置の開発を受け，1980 年代以降に医薬品や農薬といった化学物質，もしくはそれらの代謝産物を培養液に添加することによって，マウス胎

子およびラット胎子への影響評価に関する報告がなされてきた．最近でも，環境化学物質の催奇形性についての検討がなされている[9-11]．また全胚培養技術は，器官形成期における種々の細胞の増殖，移動，分化といったイベントを詳細に解析する上でも非常に有力な技術である．実際に色素を用いた細胞標識や細胞移植によって，細胞系譜，分化様式を視覚的にも明らかにすることができる[12,13]．

さらに，全胚培養技術と近年の遺伝子導入技術や遺伝子発現制御技術を組み合わせることによって，発生工学への応用も可能である．例えば，エレクトロポレーション法やパーティクル・ガン法と組み合わせることにより，遺伝子導入時期を制御することも可能であり，複数の遺伝子を同時期に，あるいは希望する時期にそれぞれ時期を変えて導入することもできる[14,15]．

こうした物理的な遺伝子導入手法のみならず，リポフェクション法やポリマー法，ペプチド法などの化学的遺伝子導入法についても応用が可能である．近年では，特定の分子を標的にした化合物を用いた機能阻害実験や，siRNAを用いた遺伝子発現ノックダウン実験への応用も報告されている．

4.5 おわりに

ここまで述べてきたように，現時点では受精から新生子までの完全な体外培養は不可能である．しかし，特に器官形成期を対象とした全胚培養技術の催奇形性試験への応用は，妊娠母動物への化学物質投与による従来の生殖発生毒性試験に比較して，使用する動物数を，完全になくすことはできないものの劇的に減らすことが期待できる．これは，動物実験を行う上で重要な3Rの基本理念の1つである「Reduce」に沿うものであるし，厳密に制御された培養条件下であることから「Refinement」にも大きく貢献していると考えられる．また全胚培養技術は，発生工学の発展を伴って，胎子期における遺伝子治療の実現に向けた基礎研究の遂行にも大きく役立つ技術として，大きな期待が寄せられている．

［種村健太郎］

文　献

1) Nicholas, J. S. et al.：*Proc. Natl. Acad. Sci. U S A*, **20**, 656-660 (1934).
2) Nicholas, J. S. et al.：*J. Exp. Zool.*, **78**, 205-208 (1938).
3) Newman, C. G.：*Clin. Perinatol.*, **13**, 555-573 (1986).
4) New, D. A. T. et al.：*Nature*, **199**, 297-299 (1963).

5) New, D. A. T. et al. : *J. Embryol. Exp. Morphol.*, **12**, 101–105 (1964).
6) New, D. A. T. : *Biol. Rev.*, **53**, 81–94 (1978).
7) Takahashi, M. and Osumi, N. : *J. Vis. Exp.*, (42), e2170 (2010).
8) 大隅典子ら：ニューロサイエンス・ラボマニュアル 3 神経生物学のための胚と個体の遺伝子操作法（近藤寿人編），pp.217–246，シュプリンガー・フェアラーク東京（1997）.
9) Matsumoto, N. : *J. Toxicol. Sci.*, **9**, 175–192 (1984).
10) Yonemoto, J. : *Toxicol. Lett.*, **21**, 97–102 (1984).
11) Yokoyama, A. et al. : *Res. Commun. Chem. Pathol. Pharm.*, **38**, 209–220 (1982).
12) Takahashi, M. and Osumi, N. : *Development*, **129**, 1327–1338 (2002).
13) Kulkeaw, K. et al. : *Stem Cell Rev.*, **5**, 175–180 (2009).
14) Osumi, N. and Inoue, T. : *Methods*, **24**, 35–42 (2001).
15) Takahashi, M. et al. : *Dev. Growth Differ.*, **50**, 485–497 (2008).

5

卵子および胚の超低温保存

5.1 はじめに

哺乳動物の卵子あるいは胚を超低温で代謝を完全に停止させて保存する超低温保存は，胚移植をベースとする発生工学の重要な基幹技術である．また，家畜や実験動物を含む哺乳動物の効率的な遺伝資源バンク法としても有用であり，ヒト生殖補助医療技術としてもたいへん重要である．本技術は生命体の生物学的な時間を停止させる画期的な方法であって，その歴史は比較的古いが，21 世紀に入ってガラス化保存法の改良に伴い，超低温保存後の卵子や胚の生存性が大幅に改善されたことから，より広範に応用されるようになった．

5.2 生殖関連細胞の超低温保存の意義

哺乳動物の胚移植（ET）を効率的に行う，あるいは雌性ゲノムの遺伝資源を効率的に保存する目的で，さらにヒトでは不妊治療のため，あるいはガン治療の後にも子どもを授かることができるように，卵子（oocyte）や胚（embryo）の超低温保存（cryopreservation）技術が応用されている（**表 5.1**）．現在，卵子や胚の超低温保存には，凍結保存（freezing）法およびガラス化保存（vitrification）法の 2 つが適用される．液体窒素（－196℃）などにより －200℃近辺の超

表 5.1　哺乳動物の卵子（卵母細胞）および胚の超低温保存の意義

卵子（卵母細胞）	・ハプロイドでの雌性動物遺伝資源を保存 ・過剰に採取した卵子（卵母細胞）を保存 ・ヒト女性において，がん治療後に子どもをつくる可能性を維持 ・ヒト女性において，加齢による妊孕性低下への対策
胚	・ディプロイドでの動物遺伝資源保存(動物飼育コストの削減，疾病および遺伝的コンタミネーションの防止) ・胚の長距離輸送や国際間移動 ・胚移植におけるレシピエントの発情同期化が不要 ・過剰に採取した胚（余剰胚）を保存

低温で細胞を保存することを超低温保存といい，雌性の生殖系列細胞である卵子および受精後から着床前までの段階の胚を超低温保存することが可能である．超低温保存後の卵子は受精能を有し，体外受精や顕微授精，その後の胚移植を介して産子へ発育させることができる．また，超低温保存後の胚も胚移植を介して産子へ発育させることができる．

雌性配偶子である卵子には，受精能を獲得する前の未成熟卵子と受精能を獲得した成熟卵子があるが，どちらも超低温保存が可能である．加えて，いずれも保存後に受精する際の雄性配偶子である精子を選択できる点や，雌性ゲノムの保存ができる点から有意義である．また，胚は完全なゲノムを保存できる点でも重要である．これらの点は，生殖補助技術を広範に応用していくために非常に有用なものであるといえる．

5.3 生殖関連細胞の超低温保存の歴史

半世紀以上も前に，ニワトリ精子をグリセリン（glycerol）とともに凍結すると，融解後にもその運動性を有することが示された[1)]．その後精子の凍結保存技術が開発されると，卵子や受精後の胚を超低温で保存する試みがなされるようになり，ついに1972年にマウス8細胞期胚を1.0 mol/lの凍害保護物質（cryoprotective agent もしくは cryoprotectant, CPA）としてのジメチルスルホキシド（DMSO）を含む凍結保存液で緩慢に冷却することによって，初めて胚の超低温保存が成功した[2)]．この成功例では，凍結保存液の凝固点よりやや高い温度で植氷処置を施すという潜熱の発生を抑制する工夫がなされており，保存胚を常温へ戻しても胚は生存し，胚移植を介して産子に発育した．このように哺乳動物胚の超低温保存が可能となり，その約5年後には卵子の凍結保存の成功例も報告された[3)]．

1985年には，マウス初期胚を高濃度のCPAとともに急速に冷却することによって，氷晶形成を伴わずに固化させる胚のガラス化保存が成功した[4)]．この方法は氷晶を形成させずに固形化させることから，保存後の生存性が高いことが期待されたものの，その操作に熟練を要することなどから，期待される生存性が得られなかった．その後，保存液の容量を少量化して冷却速度をより早めたり，CPA濃度を低減化するなどの工夫を行うことで非常に生存性が高くなり，低温感受性の高い動物種の卵子や胚へも適用しうる改良ガラス化保存法が開発された[5,6)]．

このように胚の超低温保存技術は，ウシの胚移植を効率的かつ広範に実施する目的で利活用されるようになり，様々な工夫が凝らされ改良されていった．また，実験動物のマウス・ラットなどの系統維持や遺伝資源保存のために生存性の高い方法が開発されたり[7)]，実験動物施設への導入法としても適用されるようになっている．さらに21世紀に入って，ヒトの不妊治療が盛んに行われるようになり，その臨床現場においても胚の超低温保存法が適用されるようになった[8)]．現在では，最小容量での超急速ガラス化保存法が普及し，それまであまり保存後の生存性が高くなかった動物種の卵子や胚でも保存後に高い生存率が得られるようになっている[6)]．

5.4 卵子および胚の超低温保存法

前述のように，卵子や胚の超低温保存には凍結保存法とガラス化保存法が適用されている．これらの超低温保存法は，適切な濃度のCPAを含む保存液中で卵子や胚の細胞質内を脱水させ，細胞膜を保護し，冷却速度を制御して細胞内外の氷晶形成を制御する方法である．

凍結保存法では，プログラムフリーザーなどで制御して室温から温度を低下させ，細胞質内を脱水させてCPAを細胞質内へ透過させる．そして，液体窒素への投入時までに細胞質内および細胞周辺が高濃度のCPAで満たされるようにしておくと，投入の際に卵子や胚を含む高濃度になったCPAの保存液の部分がガラス化される．こうして卵子や胚を含む凍結保存液が，氷晶形成を伴い液体窒素下で保存される（**図5.1**）．

これに対してガラス化保存法では，CPAを含む平衡液で卵子・胚の細胞質内を脱水させ，細胞質内へCPAを透過させる．そして卵子・胚を高濃度のCPAを含むガラス化保存液へ移し，さらに細胞質内の脱水およびCPAの透過を促進させる．この卵子・胚を含むガラス化保存液を収納容器（ディバイス）に収めて液体窒素中へ投入し，液全体を氷晶形成させずにガラス化させる（図5.1）．ガラス化保存法では，プログラムフリーザーなどの冷却装置は不要であり，超低温保存までの所要時間も凍結保存法より極めて短い．

超低温保存した卵子や胚を常温へ戻した後，すなわち融解（thawing）または加温（warming）の後，卵子や胚の細胞質内にあるCPAを細胞から除去し，その毒性による悪影響が生じないようにするため希釈処置を行う．この処置では，

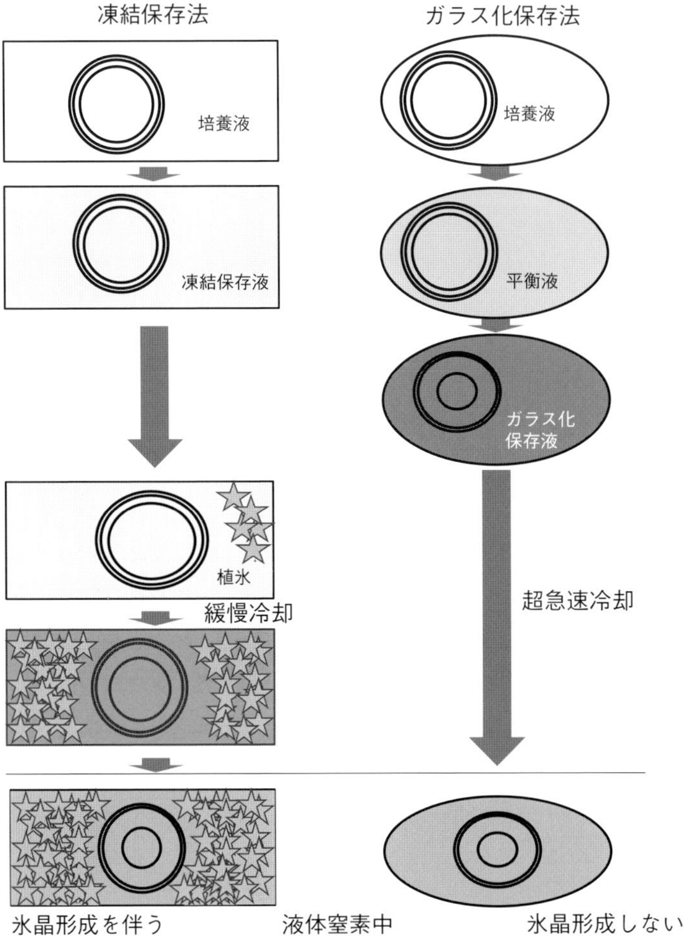

図 5.1 凍結保存法とガラス化保存法

細胞質内よりも低張な希釈液に暴露させて CPA を細胞外へ排出させ，細胞外から水分子を細胞質内へ透過させる．その際，急速に水分子が細胞質内へ入り細胞傷害を起こすことがあるので，これを防止し緩やかに水分子を流入させるため，スクロースを添加したやや高張な希釈液を用いて段階的に行う．希釈処置後には培養液で十分に洗浄を行い，細胞質内に CPA が残留しないようにする．以上のように処理をした上で卵子や胚を常温へ戻すと，卵子は受精能，発生能を示し，胚は発生能を示す．

CPA としては，細胞膜透過性の DMSO，エチレングリコール（EG），グリセリン（G），1, 2-プロパンジオール（PROH）などがある．また細胞膜非透過性 CPA としては，スクロース，トレハロース，フィコール（ficoll），ラフィノース，carboxylated ε-poly-L-lysine などがある．凍結保存法では 1.0〜1.8 mol/l の細胞膜透過性 CPA を含む凍結保存液が用いられ，ガラス化保存法では細胞膜透過性および非細胞膜透過性の CPA 3.0〜7.0 mol/l を含むガラス化保存液が用いられる．

5.4.1　胚の凍結保存

一般に，胚の凍結保存後の生存率はガラス化保存後よりも低いことから，多くの動物種において凍結保存法はガラス化保存法へと置き換えられている．しかしウシ胚の超低温保存法に関しては，現在でも CPA として細胞膜透過性の G や EG に細胞膜非透過性のスクロースを添加した凍結保存液を用い，胚を 0.25 ml プラスチックストローへ封入して凍結保存されている．これは，ウシ胚の移植が非外科的に人工授精と類似の手法で行われるためで，すなわち農場でこの凍結胚の入ったストローを融解して，すぐに移植できる利点があるからである．凍結保存胚を融解して移植する際，融解胚から CPA を除去する希釈処置を行わずに移植する方法を，凍結融解胚のダイレクト移植という．また，凍結融解胚の CPA を除去する希釈処置をストローの内部で行う方法[9]をストロー内希釈法という．これは，胚を凍結する際に，胚を収納するストロー内に凍結液とは別のカラムとしてスクロース液のカラムを作製しておき，融解後に胚を含む凍結保存液のカラムとこのスクロースのカラムを混合させることにより，ストローから融解胚を取り出すことなく，内部で胚の希釈処置ができるように工夫した手法である．

5.4.2　胚のガラス化保存

最近のガラス化保存法では，工夫された特別な収納容器を用いて，最小容量のガラス化液とともに胚を超急速に冷却し，非常に高い生存性が得られている．これは超急速ガラス化法，あるいは最小容量ガラス化法と呼ばれ，最小容量のガラス化保存液を用いることで CPA 濃度を低減しガラス化保存液の細胞毒性を低下させ，氷晶形成を伴わない状態で固化させることにより，高い生存性がもたらされるものである．この手法によって，これまで困難であったブタやイヌ[10]などの動物種の胚や，生存性の低い発育段階の胚でも超低温保存が可能になった.

一方実験動物のマウスでは，効率的な系統維持や遺伝資源保存の目的で胚を超低温保存する際に，多くの胚を一斉に処理することが求められることから，保存容器としてクライオチューブを用いたガラス化保存法[7)]が採用されている.

5.4.3　卵子の凍結保存およびガラス化保存

卵子の凍結保存後の生存率やその後の受精率は非常に低く，その利活用は極めて困難であったが，胚での最小容量ガラス化法を卵子へ適用することにより，その生存性は著しく改善された．一方で，高い生存性を示してもその後の体外受精における受精率は低いことから，超低温保存した卵子を受精させるために卵細胞質内精子注入法が適用されることが多い.

超低温保存卵子の体外受精での受精率が低いのは，ガラス化保存液に含まれるDMSOなどのCPAへ卵子が暴露されることで，細胞膜直下の表層顆粒放出が誘起されることが一因であると示唆されている．この問題の解決のためにCPAが比較され，EGであれば表層顆粒放出の程度が低いことがマウスやラットで報告されている．また，平衡液やガラス化保存液における基本液としてカルシウムを含まない液を用いることで，ガラス化保存後の受精率が改善される.

卵子のガラス化保存においては，細胞質内へのCPAの透過性を向上させようとする意図から，卵子周辺の卵丘細胞を除去した後にガラス化保存する手順が一般的である．しかし，この卵丘細胞除去が体外受精における受精率を低下させることが明らかになっており，除去せずに卵丘細胞卵子複合体として超低温保存することによって，体外受精での受精率が改善されている[11)].

5.5　卵子および胚の超低温保存後の生存性に影響を及ぼす要因

ここでは，卵子および胚の超低温保存後の生存性に影響する要因について述べる．これらは，卵子や胚の細胞の要因と保存手法の要因に大別できる.

5.5.1　細胞の要因

a.　細胞のサイズ

一般に，細胞のサイズが大きい方が細胞質内へのCPAの透過や細胞質内の脱水が難しいことから，超低温保存後の生存性は低くなる．この理由から，胚の発育段階が進むほど保存後の生存性は高くなる．また，サイズが大きい細胞は細胞の収縮に対する耐性が低いことから，保存後の生存性が低くなることがある．卵子や胚の細胞サイズは，通常の細胞のサイズよりも100〜1000倍も大きく，低温耐性は通常の細胞や精子と比較すると非常に低い[6]．

b．細胞膜の性質

細胞膜の性質はCPAの透過性や細胞質内の脱水に関連することから，超低温保存後の生存性にも影響を及ぼす．また，細胞膜の低温に対する耐性は動物種によって違いがみられるが，これは細胞膜を構成する脂肪酸の組成やコレステロールと関連している．

c．動物種

一般に，動物種によってCPAの細胞質内への透過性が違うため，保存後の生存性にも違いが生じる．また，動物種により卵子や胚の細胞サイズにも違いがあり，同じく保存後の生存性に影響を及ぼす．ブタ，ウシ，イヌの胚の細胞質内には脂肪滴が多く存在し，黒褐色を呈しているが，これらは低温に対する感受性が高く，超低温保存後の生存性が低い（e項参照）．

d．胚の発育段階

発育段階の若い胚の細胞はサイズが大きく，一般に保存後の生存性が低い．したがってa項でも述べたように，胚の発育段階が若いほど低温耐性が低く，段階が進むほど超低温保存後の生存性が高くなる．

ブタ胚では，胚盤胞期の透明帯脱出前後の胚だけが凍結保存後の生存性を示す．これは，透明帯脱出前後のブタ胚盤胞の細胞から脂肪滴（e項参照）の含有量が減少することにより，低温に対する耐性が増すためと考えられている．また，水分子やグリセリンなどを能動輸送するタンパク質（アクアポリン）が細胞膜に存在する発育段階の胚や動物種の胚は，存在しないものよりも超低温保存に対する耐性が高い[12]．

e．細胞質内の脂肪滴

c項でも述べたが，一般に卵子や胚の細胞質内脂肪滴の存在によって，細胞の超低温保存に対する耐性が低くなる．そして卵子や胚の発育が進み，細胞質内の脂肪滴量が減少すると耐性は高くなる．人為的な顕微操作によって細胞質内の脂肪滴を除去（delipidation もしくは delipation）するとその低温耐性は改善し，超低温保存後も生存するようになる[13]．

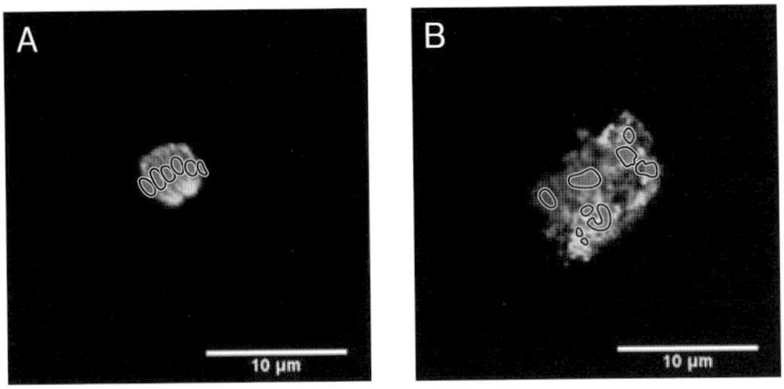

図 5.2　ガラス化保存後のブタ成熟卵子の紡錘体
白い部分は α-tublin，そのうち枠で囲った部分はプロピディウムイオダイド（PI）．
A：新鮮成熟卵子における紡錘体，B：ガラス化保存後の成熟卵子における紡錘体，染色体および微小管の配置が乱れている．

f．卵子や胚の質

一般に，卵子や胚の質が低いものは超低温保存に対する感受性が高く，保存後の生存性は低い．また，in vivo 由来胚は in vitro で作出した胚よりも保存後の生存性が高い．

g．細胞骨格

超低温保存の過程において，細胞質内の微小管などの細胞骨格が損傷を受けることがある（**図 5.2**）．

5.5.2　手法の要因

a．超低温保存法

前述のように，超低温保存法には，氷晶形成を伴う凍結保存法と氷晶形成を伴わないガラス化保存法がある．細胞質内あるいは細胞周辺の氷晶形成は細胞に対して致死的な傷害を与えることがあるので，一般に氷晶形成を伴わないガラス化保存法の方が，凍結保存法より保存後の生存性は高い．

b．凍害保護物質

CPA には，細胞質内へ透過するものとしないものがある．前者の透過性 CPA は細胞質内の氷晶形成を抑制するが，CPA 自体が細胞質内のタンパク質の変性を誘起したり細胞小器官への毒性を示すことがあるので，その種類や濃度については十分に配慮しなければならない．後者の非透過性 CPA は，保存液における浸透圧を調整することにより，細胞質内を適切に脱水させ細胞膜を保護する．

また，ガラス化保存液におけるCPAの濃度や組み合わせによって，溶液の粘度が異なる．一般に，CPA濃度が高いほどガラス化転移温度も高くなり，ガラス化保存における氷晶形成の機会が低減される．その反面，CPA濃度が高くなるほど卵子や胚に対する毒性は高くなる．

高濃度のCPAは卵子の細胞質内へ透過し，細胞質内の小胞体に作用してカルシウムイオン濃度を上昇させることがある．その結果，卵細胞膜直下の表層顆粒が放出され，表層顆粒の分布が異なったり，透明帯の硬化が起きることがある．

近年では，極地に生息する生物から氷晶形成を阻止するタンパク質や多糖類が発見されており，これらを保存液に新たなCPAとして添加することがある[14]．

c．凍害保護物質の平衡

卵子や胚の超低温保存における冷却過程では，直前に細胞質内へCPAを透過させて脱水する．このとき，卵子や胚を保存液へ直接移すと浸透圧の差が大きくなり，細胞に傷害を起こすことがあるため，保存液よりCPA濃度が低い平衡液（1〜数段階）に暴露する．

d．冷却速度

冷却速度は，保存する卵子・胚の細胞質内や細胞周辺における氷晶形成やその大きさに影響を及ぼし，氷晶形成による致死的な傷害にも影響する．凍結保存法では，適切な冷却速度を正確に制御する必要がある．またガラス化保存法では，卵子や胚を含むガラス化保存液の容量および収納容器によって冷却速度が異なる．

e．液体窒素中への投入温度

凍結保存法においては，通常 −20〜−35℃まで冷却した後に，卵子や胚が入った収納容器を液体窒素内へ投入（プランジング）する．この際，適用するCPAの種類や濃度によって，最適なプランジング温度が異なる．胚凍結保存の開発初期においては投入温度が −79℃付近であった（緩慢凍結法）が，その後 −20〜−35℃くらいまで上昇させて（急速凍結法）も生存性が変わらないことが明らかになった．現在の胚凍結保存法では，この急速凍結法が採用されている．

f．収納容器

卵子や胚は，保存液とともに容器に収納してから冷却し，液体窒素中で保存する．この際に用いる収納容器によって，卵子や胚に対する冷却速度が異なる．これは保存液量が異なるだけでなく，収納容器の形状や素材などの違いもあり，保存後の生存性に影響する．また冷却速度だけではなく，常温へ戻す融解や加温の際の速度にも影響するので注意する．

g．凍害保護物質の希釈

超低温保存後の融解もしくは加温の直後，卵子や胚は希釈液へ移される．このとき，脱水されている細胞質内へ希釈液の水分子が透過するが，それが急激であると細胞が損傷を受ける．通常はスクロース添加（0.25〜1.0 mol/l）液を希釈液として用い，細胞質内のCPAを除去する（5.4節参照）．

h．操作する環境温度

CPAの平衡・希釈処置（c，g項参照）においては，CPAが細胞質内へ透過したり，細胞膜を透過して排出されたりする．この際の環境温度は，CPAの細胞膜の透過性に影響することから，正確に制御する必要がある．通常は室温で行うが，加温板上か顕微鏡のステージ上かといった処置条件，平衡液，保存液，収納容器の温度などに注意を払う必要がある．さらに，温度によってCPAの毒性が影響されることに対しても配慮が必要であり，毒性を低減させるには暴露時間を短くし，低い温度域で行うようにする．

i．融解もしくは加温の方法

凍結保存法，ガラス化保存法のいずれの手法においても，常温から冷却する際より液体窒素から常温に戻す過程の方が，細胞質内および細胞周辺に氷晶が形成される危険性が高い．−80〜−20℃の温度域で氷晶形成が起きやすく，速度も速いことから，この温度域を急速に通過させることが重要である．

j．実施者（ハンドラー）

超低温保存を行う実施者の熟練度によって細かな操作が異なるため，生存性に影響を及ぼすことがある．卵子や胚を体外で操作することは細胞に対してストレスになるので，それを極力与えないようにする配慮が必要となる．

5.6　超低温保存によって生じる卵子や胚の傷害

卵子や胚の超低温保存によって，次のような傷害が生じる可能性がある．超低温保存を実施する際には，これらの傷害を理解しておくことが重要である．

5.6.1 細胞質内氷晶形成

卵子や胚の細胞のサイズは他の細胞よりも大きく，水分の含有量も非常に多いことから，超低温保存の過程で細胞質内では氷晶が形成されやすい．冷却過程，融解や加温の過程で氷晶が形成されると，細胞膜や細胞小器官の破壊などが起こり，致死的な傷害となることがある．これを防ぐには，十分な細胞質内の脱水およびCPAの透過が必要である．凍結保存法においては，植氷処置後に液体窒素へ投入するまでの冷却速度が不適切な場合，さらには不十分な植氷処置による過冷却が起きてしまった場合に，細胞質内の氷晶形成が起こることがある．また5.5.2項でも述べたように，−80〜−20℃の温度領域の通過速度が遅いと氷晶形成される（脱ガラス化）ことがあり，その形成速度も速いことから，この温度域を急速に通過させるようにする．

5.6.2 低温傷害

一般に卵子は，胚と比較して低温に対する感受性が高く，冷却過程で低温に暴露させただけで致死的な傷害が起こることがある．動物種によっては，胚でも低温感受性が高いことがある．ブタの卵子や胚は，15℃以下の低温に短時間でも暴露すると細胞傷害が生じる（図5.2参照）．また，イヌの卵子や胚も低温に対する感受性が高い．

5.6.3 凍害保護物質による傷害

氷晶形成を防ぐ目的で添加される細胞膜透過性のCPAには毒性を示すものがあり，濃度および暴露時間に比例して，細胞に対し傷害を起こす．その程度は，CPAの種類，暴露される細胞の動物種，胚の発育段階，環境温度などにも影響を受ける．

5.6.4 フラクチャー傷害

凍結保存法では低温への冷却処置後に液体窒素へ投入する過程で，ガラス化保存法では収納容器を液体窒素へ投入後に，−130℃付近で細胞を含む保存液が液体からガラス化状態へ，すなわち液相から固相へ相転換する．フラクチャー傷害は，細胞を含む保存液でガラス化する部分の内側と外側の冷却温度の差によって，あるいはこの部分に液相とガラス化部分が混在することによって，クラック

(裂け目) が生じ透明帯や細胞に亀裂が生じるものである. この傷害は冷却時だけではなく超低温から常温へ融解・加温する際にも生じ, 冷却速度, 融解・加温速度, 保存液容量および収納容器などによって影響され, ガラス化保存法よりも凍結保存法で発生頻度が高い.

5.6.5 浸透圧ショック

CPA の平衡処置の際に細胞は高張液に曝され, 細胞膜の半透性により細胞質内の自由水が細胞外へ排出して脱水される (5.5.2 項参照). この際に細胞は収縮し, その後細胞質内へ CPA が浸透して体積が回復していくが, 急激な収縮に耐えられなければ, 細胞にはショックが生じ, 保存後の生存性や発生率を低減させる. また融解・加温の直後には, CPA を排出させるために同じく高張液に細胞を暴露させ, 緩やかに水分子を細胞質内へ流入させる (5.4 節参照). この際に水分の流入が CPA の排出よりも速ければ, 細胞質が膨張し保存後の生存性や発生率を低減させる. 以上のように, 浸透圧の異なる環境への暴露によって生じるストレスが浸透圧ショックである.

5.7 ウシ胚盤胞の凍結保存法

ウシ胚盤胞の凍結保存は, ウシ胚移植を広範に利活用するための非常に重要な技術である. 手順の概要を**図 5.3** に示す.

5.7.1 準備：保存液, 収納容器およびプログラムフリーザー

Dulbecco's PBS に 20% (v/v) ウシ胎子血清を添加したものを基本液とし, 凍結保存液, 希釈液を作製する. 凍結保存液として, 基本液に EG (10% (v/v)) およびスクロース (0.2 mol/l) を添加して調整する. そして胚の凍結操作を始める前に保存液を室温下におき, 室温と同等になるようにしておく. 胚の収納容器としては 0.25 ml プラスチックストローを用い, ストローに保存胚の情報を記載しておく.

5.7.2 凍結保存液での平衡および植氷処置

低倍率の実体顕微鏡下で胚を凍結保存液へ移動する. このとき, タイマーなどを使って胚の凍結保存液への暴露時間を正確に制御する. また保存液への移動

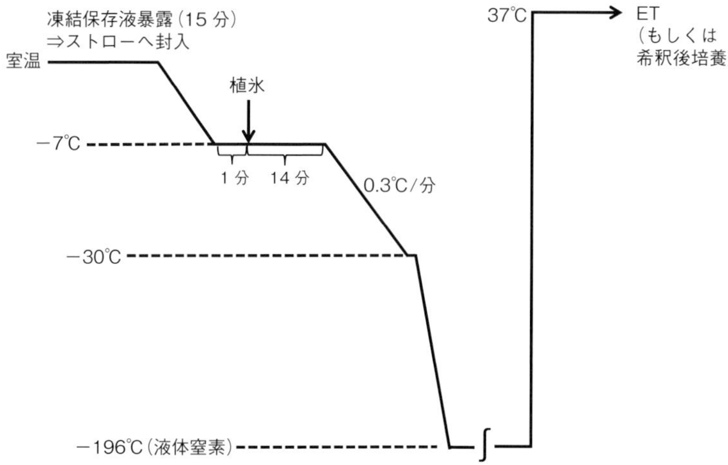

図 5.3　ウシ胚盤胞凍結保存の手順

後，胚が収縮することを確認する．胚をストロー内の凍結保存液のカラムに移し，ストローを封入し，胚の存在を実体顕微鏡で確認する．凍結保存液への暴露時間が 15 分となった時点で，ストローをプログラムフリーザーの −7℃の冷却槽へ投入する．プログラムフリーザーをあらかじめ作動させ，その冷却槽を −7℃に維持させておく．投入 1 分後に，液体窒素中で先端を冷却したピンセットで胚の入ったカラムの端を摘み，植氷（ice seeding）処置する．

5.7.3　冷却および融解

植氷処置したストローをプログラムフリーザーの −7℃の冷却槽で 15 分間保持させる（図 5.3 参照）．その後，−30℃になるまで 1 分間に 0.3℃の冷却速度で冷却させ，−30℃で保持させる．保持後ストローを液体窒素中へ投入して，液体窒素タンクで適切に保存する．

融解は，ストローを 37℃の水へ浸漬し，氷晶が消えるまで行う．融解後，直ちにこのストローで受胚牛へダイレクト移植が可能である．融解胚をダイレクト移植しない場合には，スクロース添加希釈液で 10 分間保持してから，適切な培養液で洗浄して培養する．

5.8　マウス未受精卵のガラス化保存

マウス遺伝資源保存法として，あるいはヒト生殖補助医療技術のモデルとして，マウス未受精卵のガラス化保存は意義をもつ．ここでは，収納容器としてクライオトップを用いたマウス未受精卵のガラス化保存法（**図 5.4**）について記載する．

5.8.1　準備：保存液および収納容器

カルシウムを含まない PB1 に 20%（v/v）ウシ胎子血清を添加したものを基本液とし，平衡液，ガラス化保存液，希釈液を作製する．ガラス化保存液は，基本液に EG（30%（v/v））および 0.5 mol/l スクロースを添加して調整する．平衡液は，基本液に EG（15%（v/v））を添加する．希釈液は，スクロースを 1.0 mol/l および 0.5 mol/l となるように基本液に添加する．ガラス化保存操作前に平衡液およびガラス化保存液を室温下におき，室温と同等になるようにしておく．クライオトップには，保存する卵子の情報を記載しておく．

5.8.2　平衡液，ガラス化保存液への暴露およびガラス化

低倍率の実体顕微鏡下で卵子を平衡液へ移動させ，3 分間浸漬させて平衡す

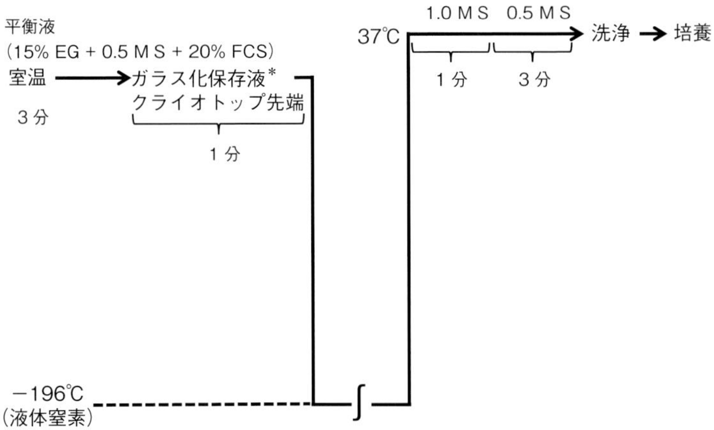

図 5.4　マウス未受精卵ガラス化保存の手順
*：組成は，30% EG + 0.5 M S + 20% FCS.
EG：エチレングリコール，S：スクロース，FCS：ウシ胎子血清.

る．平衡液から卵子をガラス化保存液へ移動させ，少量のガラス化保存液とともにクライオトップ先端のシート部分に載せる．この平衡処置およびガラス化保存液への暴露時間を正確に管理するため，タイマーなどを使用する．卵子がガラス化保存液に1分間暴露された時点で，クライオトップ先端シート部分を液体窒素中へ入れて急速に冷却させ，ガラス化させる．

5.8.3　加　温

液体窒素タンクからクライオトップを取り出し，37.5℃の1.0 mol/l スクロース希釈液中へその先端部のシートを浸漬し，1分間保持する．ついで加温した卵子を0.5 mol/l スクロース希釈液に3分間保持し，さらに基本液に5分間保持する．その後，体外受精用の培養液で洗浄して，体外受精などに用いる．

5.9　その他の卵子の超低温保存法

最近，卵巣もしくはその組織片を超低温保存することにより，その中に存在する原始卵胞もしくは1次卵胞の卵母細胞を保存することも行われている．この保存組織から卵母細胞を回収したり，あるいは自己の同所もしくは異所へ移植したりすることで，保存組織由来の成熟卵子，受精卵，胚および個体の作出例[15)]が報告されている．　［**柏崎直巳**］

文　献

1）Polge, C. et al.：*Nature*, **164**, 666（1949）.
2）Whittingham, D. G. et al.：*Science*, **178**, 411-414（1972）.
3）Whittingham, D. G.：*J. Reprod. Fertil.*, **49**, 89-94（1977）.
4）Rall, W. F. and Fahy, G. M.：*Nature*, **313**, 573-575（1985）.
5）Hochi, S. et al.：*Theriogenology*, **61**, 267-275（2004）.
6）Saragusty, J. and Arav, A.：*Reproduction*, **141**, 1-19（2011）.
7）Nakagata, N.：*J. Reprod. Fertil.*, **99**, 77-80（1993）.
8）Kuwayama, M. et al.：*Reprod. Biomed. Online*, **11**, 608-614（2005）.
9）Liebo, S. P.：*Theriogenology*, **21**, 767-790（1984）.
10）Abe, Y. et al.：*Biol. Reprod.*, **84**, 363-368（2011）.
11）Kohaya, N. et al.：*J. Reprod. Dev.*, **57**, 675-680（2011）.
12）Edashige, K. et al.：*Cryobiology*, **40**, 171-174（2000）.
13）Nagashima, H. et al.：*Nature*, **374**, 416（1995）.
14）Bagis, H. et al.：*Mol. Reprod. Dev.*, **75**, 608-613（2008）.
15）Andersen, C. Y. et al.：*Hum. Reprod.*, **23**, 2266-2271（2008）.

6

単為発生

6.1　哺乳類の生殖

生物は生殖により次世代に遺伝情報を正確に伝達し，自らと同じ種に属する個体を産み出すことでその種の保存を図ってきた．生物種によって多様な生殖戦略があるものの，多くの脊椎動物では同種の中に雌と雄という異なる生殖器および配偶子産生を担う個体を創出し，有性生殖により長期にわたる安定した世代交代を可能にしてきた．豊富な栄養素をもつ卵子を産生する雌と，運動性に富んだ精子を産生する雄による交尾後に，異個体間の細胞融合，すなわち受精を介すことで，それぞれの配偶子からの遺伝情報を受け継いだ新個体が形成されるシステムである．哺乳類では性染色体の構成に依存した遺伝性の性決定様式により性が確立するため，生物学的にその個体の性は受精時に確立し，生涯にわたって不変である．雌性と雄性の別を保証しつつ，異性間の生殖細胞の融合によってのみ正常な個体発生が起こるようにするシステムは，近交退化などのデメリットを防ぎ集団の遺伝的多様性を守る優れた生殖手段と考えられる．

6.2　単為発生とは

自然界における哺乳類の正常な個体発生に寄与可能な生殖系列の細胞は，排卵卵子と成熟精子に限定される．排卵卵子は第 2 減数分裂中期（MⅡ期）で停止し，受精の信号を受け取るまで減数分裂の再開が停止するように制御されている．受精適期に受精できなかった卵子は，断片化のような変性退行を経て次代の個体形成には参加しない．しかしながら，本来は発生せずに変性退行するはずの未受精卵子が何らかの刺激に反応し，通常の受精胚と同様に発生を開始することがある．このように，精子の関与を一切受けずに初期胚発生が開始してしまうことを，単為発生という．

単為発生胚は，発生の過程において通常受精胚とは明らかに異なる軌跡を描き，かつ哺乳類では必ず胎生致死となる．そして，この単為発生は哺乳類胚において人為的に誘導することが可能で，生殖技術の様々な場面で活用されている．本来細胞周期が停止して安定している卵子に対して単為発生誘導刺激を与えることを，人為的活性化（artificial activation）という．受精研究の進展を背景に，哺乳類種ごとに多様な活性化法が考案されており，体細胞核移植によるクローン胚作出，あるいは顕微授精時の受精刺激の補助として利用されている．

6.3　哺乳類における単為発生誘導法

受精能を備えた卵子は，細胞周期をMⅡ期で停止している．通常，精子進入に伴って卵子から第2極体が放出され，減数分裂が完了するとともに有糸分裂がスタートし，細胞数を増して各々の細胞が発生プログラムに従い，特定の機能を獲得していくことで個体発生が進行する．しかし，活性化能獲得前の精子を用いて受精卵作出を行う場合，あるいは体細胞クローン技術のように核移植によりドナー細胞と再構築された卵子では，その後の発生を誘導するために，人為的活性化を対象卵子に施す必要がある．

人為的な活性化手法は，通常の受精研究を背景として多様な方法が考案されてきた．しかしその方法としては，MⅡ期卵子内において，タンパク質リン酸化酵素（キナーゼ）の一種である成熟促進因子（maturation promoting factor，MPF）の高く維持されている活性を，結果的に低下させるということで一致している．通常，受精においては精子が持ち込むPLCゼータ（PLCξ）によって，卵内のカルシウムイオン（Ca^{2+}）の周期的な増加（カルシウムオシレーション）が数時間続いて複雑な分子間の連鎖反応を経たのち，その下流においてMPF活性が低下することが直接的な有糸分裂開始の引き金となる[1)]（**図6.1**）．したがって人為的な活性化法も，①卵子内のCa^{2+}上昇を物理的あるいは化学的に誘起させる，② MPF構成分子Cyclin BあるいはCDC2キナーゼを標的とした阻害剤を使用する，という2種類に分けられる．実際には，①と②の手法を組み合わせた複合活性化処理が使われるケースも多い．またこれらの活性化処理は，対象の動物種によって全く活性化されない場合もあれば，極めて有効なケースもあるため，一概にどの手法が最適であるかは断定できない．

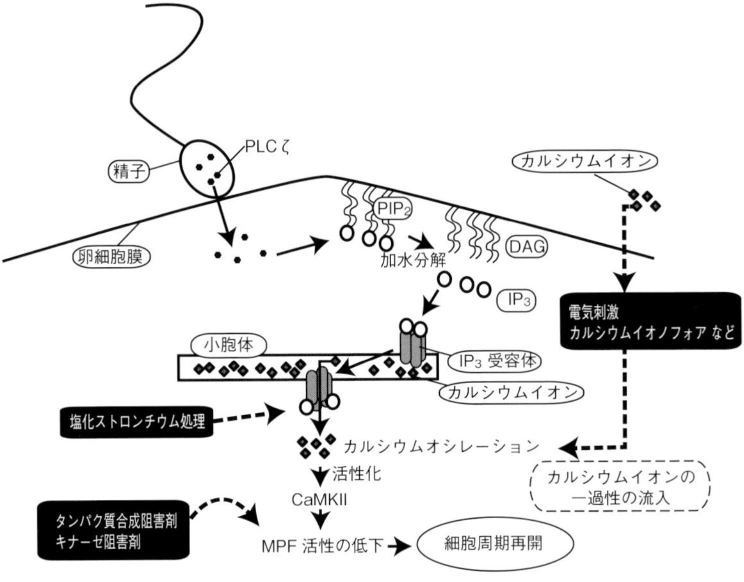

図 6.1 受精時のカルシウムオシレーション発動の流れ(──→)と人為的な卵活性化(－－→)
PIP_2：ホスファチジルイノシトール 4,5-二リン酸，DAG：ジアシルグリセロール，IP_3：イノシトール 1,4,5-三リン酸，CaMKII ：Ca^{2+}/カルモジュリン依存性キナーゼ.

6.3.1 マウス

マウスの場合では，塩化ストロンチウム（$SrCl_2$）を用いた活性化法が頻繁に用いられている．$SrCl_2$処理では，卵内のチャネルを介してストロンチウムイオンが取り込まれ，イノシトール 1,4,5-三リン酸（IP_3）の受容体の感受性を高めて，カルシウムオシレーション様の Ca^{2+}の増減が観察されるため，他の卵子内 Ca^{2+} 濃度を上昇させる手段と比較すると，生理的により受精様に近い条件と考えられている[2)]（図 6.1）．しかしながら，この $SrCl_2$ 処理も種を問わず万能ではなく，ウシやブタなど他の動物種の卵子では活性化はほとんど起こらない．

6.3.2 家 畜

家畜では，電気刺激やエタノール，イオノマイシンを用いるなど一過的に卵子内 Ca^{2+} 濃度を上昇させる方法と，MPF 活性低下を直接の標的とし，タンパク質合成阻害剤シクロヘキシミド，キナーゼ阻害剤 6-ジメチルアミノプリン（6-dimethylaminopurine，6-DMAP）などを併用する方法がある（図 6.1）．これらの$SrCl_2$処理以外の活性化方法は，カルシウムオシレーションのようなCa^{2+}濃度の増減はみられないが，個体発生を支持できることから，体細胞クローン動物作製などに広く適用され一般的な手法として利用されている．しかしながら，これらの阻害剤は汎用性が高い反面，染色体異常の頻度を高めてしまうという欠点もあり[3)]，適用の際には条件検討を十分に行うか，あるいはより特異性の高いロスコビチンなどの阻害剤を検討する必要がある[4)]．

6.4 二倍体化処理について

哺乳類において個体発生が正常に進行するためには，雌および雄からそれぞれ1セットずつの染色体を受け継ぎ，種固有の染色体数を保持した二倍体となる必要がある．単為発生胚やクローン胚の作出時にも，染色体の構成が二倍体となるような処置が通常施される．MⅡ期にある受精可能な成熟卵子は，精子進入による受精刺激を受けて第2極体を放出することで半数体となり，同じく半数体の精子ゲノムと組み合わさることで二倍体胚が構築される．活性化された単為発生胚あるいはクローン胚でも極体放出が観察されるため，これを細胞骨格重合阻害剤によって抑える二倍体化処理を行うことで，ゲノムセットを二倍体に保つことが可能となる．細胞分裂の直接の動力源となる，細胞骨格マイクロフィラメントの重合阻害剤であるサイトカラシンBあるいはD添加培地に，活性化後の胚を一定時間浸漬することで，容易に二倍体化処理を行うことができる[5)]．また，これらの薬剤は卵子および胚の顕微操作時に，細胞質破損防止の目的で添加されることが多い．

6.5 単為発生胚の発生能

6.5.1 マウスの単為発生胚

単為発生胚は卵子（雌）ゲノムのみを保持する片親性胚であるが，哺乳類個体発生における両親性ゲノムの機能差を調べるための研究対象として，古くから発生生物学者によって解析が進められてきた．マウスでの研究では，1973年にWitkowskaが単為発生胚の妊娠10日までの生存を初めて確認した[6)]．また1984年，SuraniらやSolterらは，センダイウイルスによる細胞融合法を用いた再現性の高い核移植法を開発し，前核置換により雌核発生胚および雄核発生胚を作出して，実験発生学的に両者の発生能を詳細に検討した[7,8)]．この場合の雌核発生胚とは，受精後に前核置換によって卵子ゲノムのみから構成されるように操作された二倍体胚を指し，厳密には精子の関与を一切受けずに発生を開始する単為発生胚とは区別される．しかし単為発生胚同様に，雌核および雄核発生胚はともに妊娠 10 日までに必ず致死となる．また，雌核発生胚では胚自身の発生が良好であるのに対して，雄核発生胚では栄養外胚葉組織の増殖が顕著である．このことから，雌雄ゲノムに機能差があることが強く示唆されるとともに，哺乳類における単為発生は実験発生学的に否定され，哺乳類の個体発生には精子と卵子に由来する両親性ゲノムの寄与が不可欠であると結論付けられた．体細胞クローン胚でも，ドナー細胞を供与する個体由来の両親性ゲノムセットがそろっており，この結論に矛盾はない．

6.5.2　家畜の単為発生胚

マウス以外の種では，ウサギ，ヒツジ，ブタ，ウシにおいて単為発生胚の致死性が確認されている（**表 6.1**）．母体内で生存単為発生胎子が確認されているものとしては，ウサギで 11 日，ヒツジで 25 日，ブタで 29 日，ウシでおよそ 41 日であり[9–13]，これ以降の発生は認められていない．このように，いずれの動物種においてもマウスの知見と同様に，①胎盤発達開始期付近で致死性を示す，②通常の胎子よりもサイズが小さいことから，片親性（雌性）ゲノムのみからなる哺乳類受胎産物の表現型には強い共通性があるといえる．

一方多くの家畜はマウスとは異なり，妊娠期間が長く単胎のものも多いことから，詳細な表現型解析が極めて困難である．ウシは単胎かつ妊娠期間が約 280 日と非常に解析が難しい種の 1 つであるが，妊娠 41 日付近までの単為発生胚の生存が確認されている[13]（**図 6.2**）．今後，マウス以外の種でも単為発生胚の発生

表 6.1　ウサギ・ヒツジ・ブタ・ウシの単為発生胚の発生限界日数

動物種	活性化方法	発生限界（日）	参考文献
ウサギ	電気刺激	～11	文献[9]
ヒツジ	イオノマイシン＋6-DMAP	～25	文献[10]
ブタ	電気刺激	～29	文献[11]
ウシ	エタノール カルシウムイオノフォア ＋6-DMAP	～35？* ～41？**	文献[12] 文献[13]

*：エコー診断による拍動の確認のみで，胎子は確認していない．

**：例数 1 例のみ．

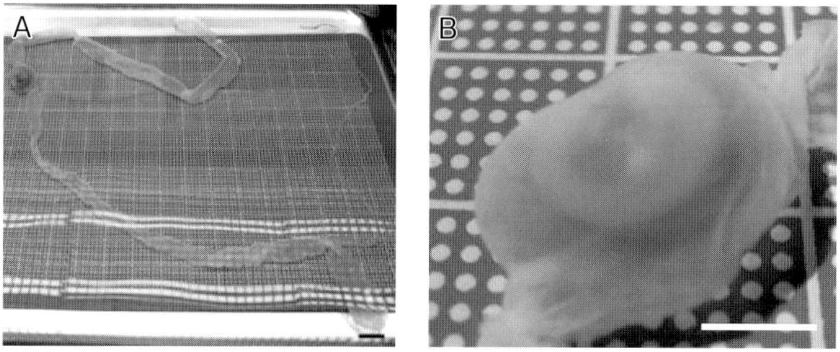

図 6.2　妊娠 41 日で拍動が確認されたウシ単為発生胚（写真提供：熊本県農業研究センター）
A：尿嚢絨毛膜および羊膜を含む受胎産物の全体像（バーは 1 cm），B：胎子の拡大図（バーは 0.5 cm）．

限界日数および詳細な表現型解析が進むことで，種間での共通性あるいは相違性が整理され，哺乳類単為発生の理解がより深まることが期待される．

6.6　単為発生胚とゲノムインプリンティング

生殖細胞形成過程で性特異的な機能差が生じる仕組みはゲノムインプリンティングと呼ばれ，近年の分子生物学の進展により詳細な分子制御機構も明らかにされてきている．また，精子および卵子に由来する染色体の対立遺伝子座から等しく発現する大多数の遺伝子とは異なり，精子由来あるいは卵子由来かによって性特異的な片親性発現を示すインプリント遺伝子と呼ばれる遺伝子が数多く見つかっている．ゲノムインプリンティングについては，2 章も参照されたい．

インプリント遺伝子の発現が片親性に調節されている主要な仕組みとしては，インプリント遺伝子の発現調節領域におけるシトシン残基へのメチル基の付加であり，塩基配列の変化を伴わないエピジェネティックな遺伝子発現調節機構であることが知られている[14]．この配列は，雄由来あるいは雌由来の染色体で異なる DNA メチル化レベルを有することから，メチル化可変領域（differentially methylated region, DMR）と呼ばれ，一般に遺伝子のプロモーターおよびエクソン/イントロン内に存在する．また，この性特異的な DNA メチル化は，雌雄ゲノムが独立して存在する生殖細胞形成過程で行われる．生殖系列の細胞において，新規 DNA メチル基転移酵素活性をもつ Dnmt3a（deoxynucleotide methyltransferase）および Dnmt3b，さらに触媒領域を欠損し酵素活性をもたない Dnmt3L が，ゲノムインプリンティング成立に重要な役割をもつ．

これまでに見つかっているインプリント遺伝子の発現調節領域の DMR において，メチル化を受ける側を雌雄で比較した場合，雌側のものが圧倒的に多いという特徴がある．さらに，性染色体の 1 つである X 染色体の不活性化にも深く関与している．一方，精子形成過程で発現制御され，かつほぼすべての組織で片親性発現が維持されている遺伝子群で代表的なものとしては，7 番染色体にある，*Igf2*（insulin like growth factor 2）および *H19*（abundant hepatic fetal-specific mRNA）遺伝子を含む *Igf2-H19* 領域と，12 番染色体上の，*Dlk1*（delta-like homolog 1）遺伝子と *Gtl2*（maternally expressed gene 3/gene-trap locus 2）遺伝子を含む *Dlk1-Gtl2* 領域がある．これらのインプリント遺伝子のもう 1 つの特徴としては，個体発生に必須な機能をもつものが多数存在することがあげられる．したがって，単為発生胚の胎生致死の主要な原因の 1 つとしては，インプリント遺伝子の発現異常によるものと理解できる．

6.7　卵子ゲノムのみからなる個体発生系

6.7.1　二母性胚

前述のように，哺乳類では生殖細胞形成過程においてそれぞれの性に応じて異なる領域がメチル化修飾を受け，結果として雌雄ゲノム間で機能差が生じている．したがって，メチル化インプリントが確立していない新生子由来の非成長期卵母細胞（non-growing，ng 卵子）ゲノムと，完全に成長し卵子形成過程で付与される母性メチル化インプリントが確立した卵子（fully-grown，fg 卵子）の核を核移植技術によって組み合わせた，卵子ゲノムのみからなる二倍体胚（ng/fg 胚）を構築すると，通常の単為発生胚に比較して妊娠 14 日まで発生延長を示すことが知られている．通常の単為発生胚や雌核発生胚は，fg ゲノムが 2 セットのゲノム構成となる fg/fg 胚と考えられることから，ng/fg の 2 種類の異なる半数体卵子ゲノムのセットをもつ二倍体胚については，「二母性胚（bi-maternal embryo）」と呼ばれている．

6.7.2　二母性胚の作出方法

二母性胚作製の概略を**図 6.3** に示す[15,16]．新生子雌マウスより採取した ng 卵子（直径約 15 μm）と，ホルモン処置によって卵胞発育を刺激した成熟雌マウスの卵巣から回収した卵核胞期卵子（直径約 75 μm）を用意する．卵核胞期卵子は

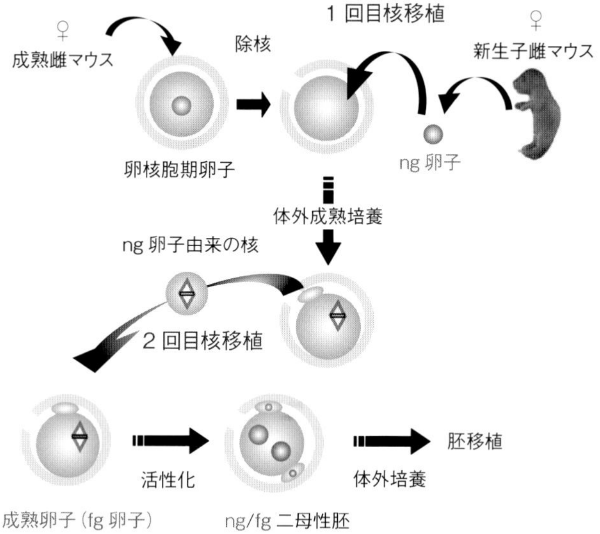

図 6.3 二母性胚構築の概要

二母性胚作出では，2 段階に及ぶ連続核移植を実施する．2 段階目の核移植に関しては，通常の単為発生胚作出時に行われる二倍体化処理は行わずに，2 つの第 2 極体を放出させる．

透明帯の切断および除核を行ってレシピエント卵子とし，囲卵腔に ng 卵子をセンダイウイルスとともに注入して融合させることによって核移植し，その後 14 時間の体外成熟培養を行う．成熟培養中に，操作した卵子は減数分裂を開始して，結果的に第 1 極体を放出し MⅡ期に達して核成熟を完了する．ついで，MⅡ期に達した操作卵の染色体を，別の過排卵処置雌マウスより回収した MⅡ期卵子（fg 卵子）に核移植し，ng 卵子と fg 卵子の 2 つの紡錘体を保持した卵子を作出する．この操作卵子に活性化処理（10 mM $SrCl_2$ を含む M16 培地で 2～4 時間培養）を施すことで，2 つの第 2 極体および 2 つの雌性前核が形成され，ng 卵子と fg 卵子それぞれの半数体ゲノムをもつ ng/fg 二母性胚が完成する．

これらのマウス ng/fg 二母性胚は，単為発生胚の発生限界を 4 日間超え，胎盤形成もみられる．また，6.6 節で述べた父性メチル化インプリント領域の *Igf2-H19* 領域および *Dlk1-Gtl2* 領域双方の発現調節領域 DMR をともに欠損した，ミュータントマウスの新生子雌由来 ng 卵子を用いることで，あたかも ng 卵子の両領域が精子と同様の遺伝子発現パターンを示し，結果として高率に成熟雌マウスにまで発育可能な二母性胚を作出することも可能である[17]．

6.8　核移植と単為発生

6.8.1　卵母細胞の核移植

雌核発生胚からの二母性胚作出系を含め，卵母細胞核を用いた核移植法の応用によって，性特異的な発現様式を示すインプリント遺伝子の解析が飛躍的に進んだ．雌核発生胚に関しては6.5節ですでに述べたが，種々の発育段階にある卵母細胞核から核移植技術によって再構築卵子をつくることで，そこから減数分裂を誘導し受精させてその後の個体発生を調べることが可能となる[18,19]．実際，直径55 μm未満の卵母細胞核をドナー核とした場合では母性メチル化インプリントが不完全であり，より発育段階の進んだ卵母細胞核では段階的にインプリント遺伝子発現が変化していく．これらの研究により，卵母細胞の成長過程において卵母細胞サイズ依存的にメチル化インプリントが確立していくことが証明されている．

また二母性胚を用いることで，精子形成過程において父性メチル化インプリントにより発現制御を受けるインプリント遺伝子の機能を解析することができる[20]．二母性胚作出系には一切精子ゲノムの関与がないため，個体発生における精子ゲノムの役割を調べるために非常に都合がよい．例えば，野生型由来のng卵子を用いて構築した，父性メチル化インプリント遺伝子発現が異常な ng^{wt}/fg二母性胚と，7番染色体上の*Igf2-H19*領域のみ正常化した $ng^{\Delta ch7}$/fg二母性胚，同様に12番染色体上の*Dlk1-Gtl2*領域のみ正常化した $ng^{\Delta ch12}$/fg二母性胚の表現型を比較することにより，個体発生における各領域のインプリント遺伝子の機能を評価することができる．通常の単為発生胚や雌核発生胚では妊娠10日目で致死となってしまうため，それ以降の臓器形成に関わる機能評価は不可能である．

6.8.2　二母性胚の胎盤形成

胎生である哺乳類の個体発生に極めて重要な臓器である胎盤の形成についても，$ng^{\Delta ch7}$/fgおよび $ng^{\Delta ch12}$/fg二母性胚の胎盤の比較から，両領域のインプリント遺伝子が果たす役割について調べることが可能である[20]（**図6.4**）．胎盤重量については $ng^{\Delta ch7}$/fg胎盤が正常値に近くなるが，組織レベルでの正常性に関しては $ng^{\Delta ch12}$/fg胎盤が野生型に近い表現型を示す．また，母体-胎子間での実

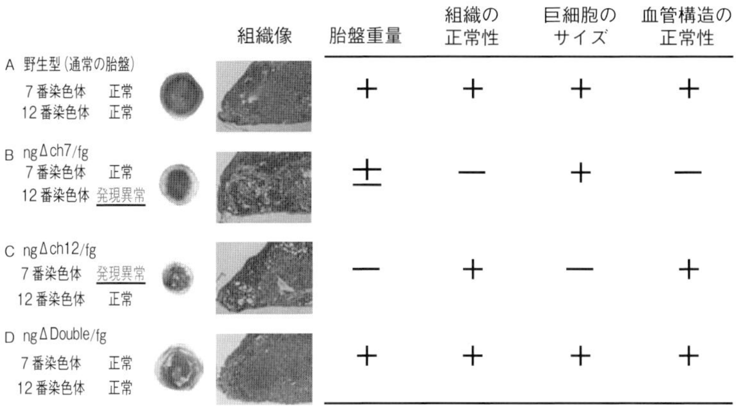

図 6.4　各種二母性胚由来胎盤の形態的な特徴
＋ は正常，－ は異常，± は野生型と $ng^{\Delta ch12}$/fg の中間．

際の物質交換の場となる迷路部における血管構造では，$ng^{\Delta ch7}$/fg 胎盤では異常な形態が観察されるのに対し，$ng^{\Delta ch12}$/fg 胎盤では全く観察されない．胎子性胎盤の最外層にある巨細胞のサイズについては，$ng^{\Delta ch7}$/fg 胎盤では野生型同様の正常値を示すが，$ng^{\Delta ch12}$/fg 胎盤では肥大化した異常な形態となる．これら二母性胚由来胎盤の形態異常は，双方の遺伝子発現を正常化した $ng^{\Delta Double}$/fg 胎盤では全くみられない．このように，7 番および 12 番染色体上の父性メチル化インプリント遺伝子は，胎盤形成に関して相互に対照的な機能を有し，相補的な役割を果たすことがわかっている．

以上のように，単為発生胚に関する一連の研究は核移植技術などと結びつくことで，体細胞クローン動物作出を含む発生工学を支える応用的な側面から，受精機構やゲノムインプリンティング機構の理解を目的とした基礎的な研究領域に及ぶようになり，生殖生物科学の進展に重要な洞察を与えるものとなっている．

［川原　学］

文　献

1）Ducibella, T. and Fissore, R.：*Dev. Biol.*, **315**, 257-279（2008）．
2）Cheek, T. R. et al.：*Development*, **119**, 179-189（1993）．
3）Winger, Q. A. et al.：*Dev. Genet.*, **21**, 160-166（1997）．
4）Pahlavan, G. et al.：*Dev. Biol.*, **220**, 392-400（2000）．

5）Kubiak, J. et al.：*Development*, **111**, 763–769（1991）.
6）Witkowska, A.：*J. Embryol. Exp. Morphol.*, **30**, 547–560（1973）.
7）Surani, M. A. et al.：*Nature*, **308**, 548–550（1984）.
8）McGrath, J. and Solter, D.：*Cell*, **37**, 179–183（1984）.
9）Ozil, J. P.：*Development*, **109**, 117–127（1990）.
10）Kure-bayashi, S. et al.：*Theriogenology*, **53**, 1105–1119（2000）.
11）Loi, P. et al.：*Biol. Reprod.*, **58**, 1177–1187（1998）.
12）Fukui, Y. et al.：*Mol. Reprod. Dev.*, **33**, 357–362（1992）.
13）齋藤公治ら：熊本県農業研究センター研究報告，(16)，48–51（2009）.
14）Smith, Z. D. and Meissner, A.：*Nat. Rev. Genet.*, **14**, 204–220（2013）.
15）Kawahara, M. et al.：*Nat. Protoc.*, **3**, 197–209（2008）.
16）Kono, T. et al.：*Nature*, **428**, 860–864（2004）.
17）Kawahara, M. et al.：*Nat. Biotechnol.*, **25**, 1045–1050（2007）.
18）Bao, S. et al.：*Biol. Reprod.*, **62**, 616–621（2000）.
19）Obata, Y. and Kono, T.：*J. Biol. Chem.*, **277**, 5285–5289（2002）.
20）Kawahara, M. and Kono, T.：*J. Reprod. Dev.*, **58**, 175–179（2012）.

7

雌雄の産み分け

7.1 哺乳動物の雌雄産み分け

ウシをはじめ哺乳動物の性は，卵子に受精する精子のX，Y染色体によって決定される．経済動物であるウシでは，効率的な改良，増殖が可能となる雌雄産み分けが望まれ続け，最近実用化が進み普及しつつある．本章では，雌雄産み分け技術の開発，普及が最も進んでいるウシを中心に概説する．

哺乳動物の雌雄産み分けは，胚と精子の両レベルで行うことができる．胚レベルでの雌雄産み分けは，胚の雌雄（性）判別と残りの胚の移植により行われる．すなわち，バイオプシーなどで採取した細胞の染色体やDNAを調べ，性判別後に残りの胚を移植することで雌雄の産み分けが可能で，望まない性の胚は廃棄される．

精子レベルでの産み分けは，X，Y精子を分離後，いずれかの精子を受精して希望する性の産子を得る技術である．分離後の精液は，通常の射出精液と同様に人工授精，あるいは体外受精や顕微授精に利用後，得られた受精卵を移植できる[1,2]ことから，効率的な雌雄産み分けが期待できる．

ヒトにおける産み分けは，伴性遺伝病への対策の1つとして臨床領域における利用が望まれており，理論上はすでに胚，精子レベルでの産み分け技術の適応が可能である．しかしわが国では倫理上，学会，医師会レベルで規制などが制定され，倫理委員会などによる具体的な抑止対応がとられている．

実験動物では，雌の生殖周期に伴う生理的変化が実験結果の再現性，安定性に影響することから雄が選択的に利用されているが，供給を目的とした雌雄産み分けは実施されていない．

7.2 X, Y 精子の分離

7.2.1 X, Y 精子の違い

X, Y 精子を分離する目的から，物理学的，化学的，あるいは生物学的な分析法により，精子の頭部の大きさ，重量，密度，運動性，荷電性，抗原などについて，様々な方法を利用して違いが分析されている.

7.2.2 X, Y 精子の分離

分析後に得られた知見をもとに，沈降法，密度勾配遠心法，電気泳動法などによる X, Y 精子の分離が試みられてきた[3,4]が，再現性の高い報告は少ない.

a. 沈降法

X, Y 精子の重量の違いを利用した沈降法は，アルブミン，セファデックスなどを充填したカラム内での精子の沈降速度の差に基づく分離法であるが，再現性は低い.

b. 密度勾配遠心法

スクロース，あるいはパーコール，フィコールなどの高分子物質で作成した密度勾配において，精子の密度（重量）の違いによる分離が試みられている. ヒトでは，パーコール不連続密度勾配を形成した試験管に精子を層積後，遠心分離することで管底に X 精子を分離できることが報告されているが，ウシを含む家畜では再現されていない. 特に，精子頭部の形態に基づく密度勾配内での流体特性，遠心力の精子の沈降速度への影響も報告され，ウシ精子とヒト精子における沈降特性の差も指摘されている.

c. 電気泳動法

X, Y 精子の表面の荷電性の違いを利用した分離法として，無担体電気泳動法が試みられている. X 精子は電気泳動中，陽極に短時間で移動するとの報告があるが，動物種が限定されており再現性が低い. また精子の頭部と尾部における荷電性の違い，あるいは生存性，成熟の違いによる電荷の変化も報告されているが，明確な結論は得られていない.

d. フローサイトメトリー法

現在，再現性のある X, Y 精子の分離法としては，フローサイトメーターを用いたフローサイトメトリー法が代表的である. フローサイトメーターは試料にレ

ーザーを照射し，そこから発する蛍光や散乱光を分析して，DNA 量，大きさなどの違いから目的の細胞を選択，回収することができる装置である．哺乳動物の精子は 1 組の常染色体と X あるいは Y 染色体を有し，X，Y 精子の違いはそれぞれが有する X，Y 染色体の違いを反映している（**図 7.1**）のだが，検査したところ，哺乳動物の X 精子の相対的 DNA 含量は，Y 精子よりも 3～4%多いことが明らかになっている（**図 7.2**）．フローサイトメトリー法は，この精子の DNA 含量を分析して X，Y を区別・選別する（**図 7.3**）もので，ウシをはじめ，複数

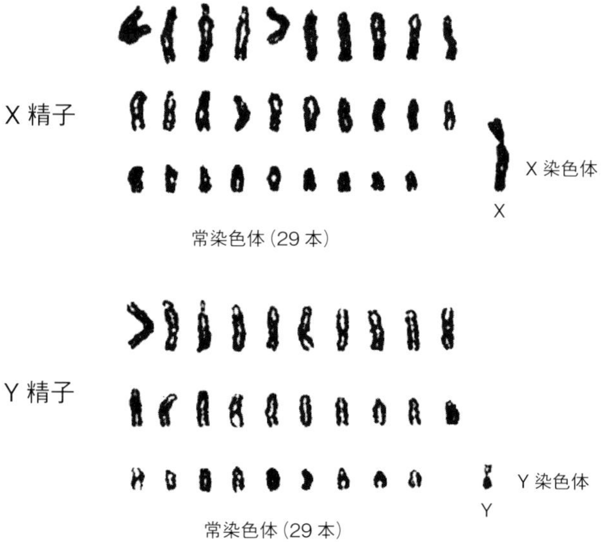

図 7.1　ウシ精子の染色体

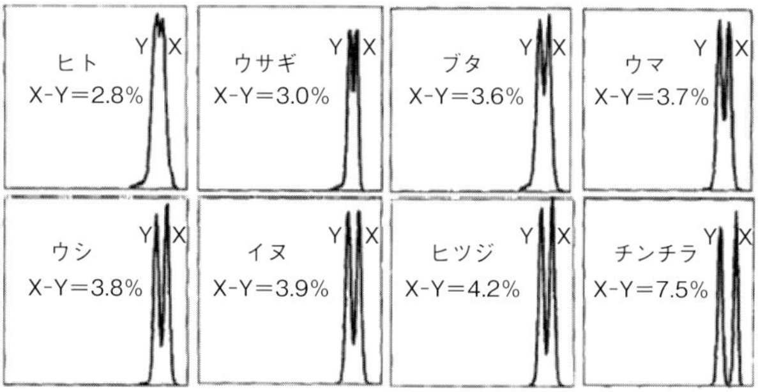

図 7.2　哺乳動物精子の DNA 含量（文献[4]を改変）

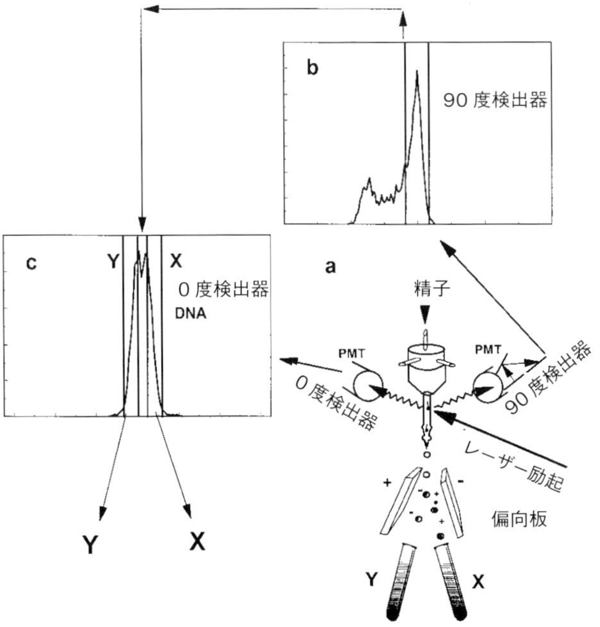

図 7.3 フローサイトメーターによる X, Y 精子の選別（文献[7]を改変）

表 7.1 フローサイトメーター選別精子による雌雄産み分け

授精法	動物	精子	精度(%)	産子数	報告(年)
外科 AI	ウサギ	全部	88	37	1989
IVF	ウシ	全部	71	43	1993
ICSI	ヒツジ	全部	100	1	1996
AI	ウシ	全部	90	14	1997
ICSI	ウシ	頭部	80	10	1999

AI：人工授精，IVF：体外受精，ICSI：顕微授精．

の動物において高い精度で X，Y 精子が選別され，性予知産子が得られている（**表 7.1**）．

7.2.3 X，Y 精子の判別

X，Y 精子の分離精度の評価には，分離を試みた精子の X，Y を正確に，しかも容易に判定する方法が必須である．分離精子を産子の性から判定するには多大な時間と労力を必要とすることから，直接判別が試みられてきた．現在，高精度で効率的とされている精子の判別法の代表例は，性特異的 DNA 塩基配列を用いた FISH（fluorescence in situ hybridization）法で，標識 DNA を利用し X, Y を判別する．この方法では，精子に標識 DNA を添加・処理後，染色・検査することで数時間以内に検査できる．さらに，二重標識・染色により X, Y 精子を同時に検査できるため，高い精度での判別が可能である（**図 7.4**）．また，フローサイトメーターにより選別精子を再解析することで，短時間での X, Y 精子の判別もできるが，装置が高価であることから限定的で利用性は低い．

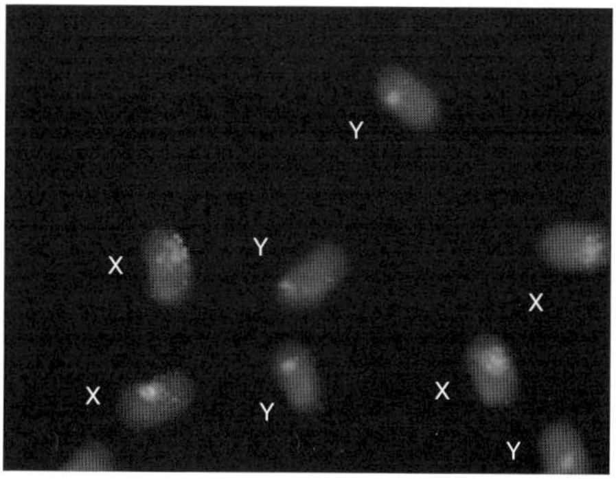

図 7.4　FISH によるウシ X,Y 精子の判別（家畜改良事業団・戸田昌平氏提供）

7.2.4　ウシ X, Y 精子の分離・選別

a.　ウシ X, Y 精子の選別

フローサイトメーターを用いた人工授精に利用するウシ精子の大量選別は容易ではないことから，これまでは体外受精，顕微授精技術が併用されてきた．最初に性予知産子を得たウサギでは，フローサイトメーターで選別した X あるいは Y 精子を外科的に卵管内に注入し，80％以上の精度で産み分けに成功した[5)]．その後，選別ウシ精子の体外受精が試みられ，ほぼ目的の精度で産み分けに成功している．さらに，あらかじめ尾部を切断後，フローサイトメーターにより高い精度で選別した精子頭部の顕微授精により，性予知子ウシが作出されている（**図 7.5** および表 7.1）．

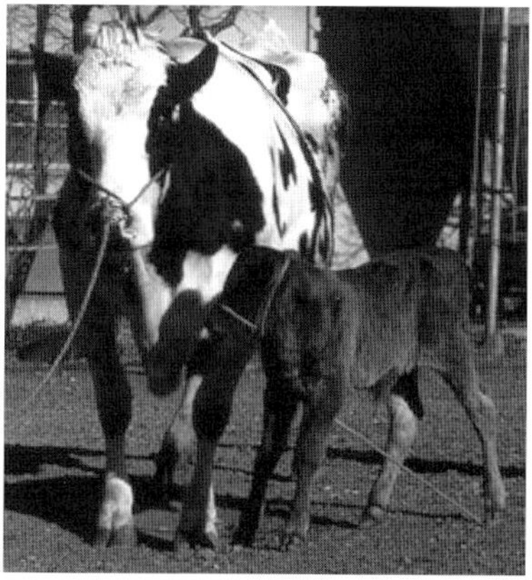

図 7.5　選別 Y 精子頭部の顕微授精による雄子ウシの作出[2)]

b.　ウシ X, Y 精子の選別技術の概要

フローサイトメーターによる X, Y 精子の選別技術は国際特許技術であり，日本国内では精液生産供給団体が契約を結び，商業化している[6)]．前述のように，ウシでは X 精子の相対的 DNA 含量は Y 精子よりも約 3.8％多い（図 7.2 参照）

ため，蛍光色素（Hoechst33342）で染色した生存精子を，DNA 量に比例した蛍光量の違いに基づいてフローサイトメーターを用いて判別し，選別する方法がとられている．

これには，市販のフローサイトメーターのレーザー，検出器などの改良が大きく寄与しており，複数の改良により効率が改善され（図 7.3 参照），選別技術が進歩している．具体的には，選別効率には液滴作成と解析，荷電，選別などの操作が関係することから，フローサイトメーターの機能改善が課題であったが，液流・液滴作成ノズル，レーザーなどの複数の国際特許技術の開発と応用により，選別速度が高められてきた[7]．現在では精子の高速選別が可能な精子選別専用フローサイトメーター（MoFlo SX，MoFlo XDP SX）が開発され，1 時間あたり 1000 万以上の精子を 90％以上の精度で選別することが可能になっている（**図 7.6**）．

フローサイトメーターにより選別した X，Y 精子の人工授精および分娩後，雌ウシと子ウシを調べた結果，雌ウシの妊娠期間，生存子ウシの分娩率，生時体重，発育性などに差はなかった[8]．また，X，Y 精子のいずれの人工授精においても，90％以上の高い精度で雌および雄子ウシが生産されている（**表 7.2**）．

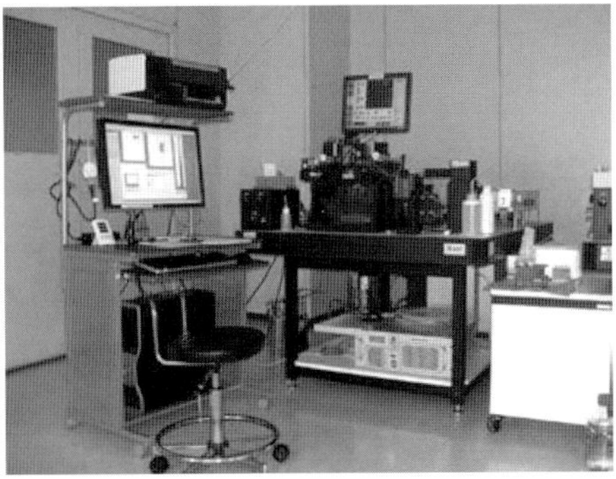

図 7.6　精子選別専用フローサイトメーター MoFlo XDP SX（家畜改良事業団・戸田昌平氏提供）

表 7.2　選別ウシ精子の人工授精（文献[9]を改変）

区分	受胎率（％）	分娩率（％）	性比（％）
選別精子	47.9 1018/2124	88.6 1124/1219	93.1 1111/1193
対照精子	58.7 498/849	89.3 657/736	48.7 307/631

未経産雌ウシを人工授精に供試，注入精子数は 300 万．

人工授精用の選別ウシ凍結精液は 2007 年から，選別ウシ精子を用いて作出した体外受精卵は 2006 年から生産され，畜産農家に流通，利用されている[10,11]．選別精液の生産には新鮮精液が用いられるため，現状では選別精液などの配布は一部の種雄ウシに限定されている．遠隔地で採取された新鮮精液を輸送し，X，Y 精子選別後の凍結保存，人工授精を行うことも試みられている．

フローサイトメーターによる精子

の選別操作では，色素に特異的に染色される死滅精子を排除することで生存選別精子の回収が可能であり，凍結・融解後も通常精液と同様の運動性を示す選別精液が生産されている．選別精液の人工授精後の受胎率は，未経産雌ウシでは約 50%，経産雌ウシでは 40% 以下であり，通常精液と比べやや低い傾向にある．このため，受胎率の向上を目指して授精方法の改良が進められている[12,13]．具体的には，精液を子宮角深部に注入できるウシ人工授精器具の改良（**図 7.7**），授精時期の遅延などの方法により受胎成績の改善が報告されており，今後の人工授精における選別精液の高度利用が期待される．

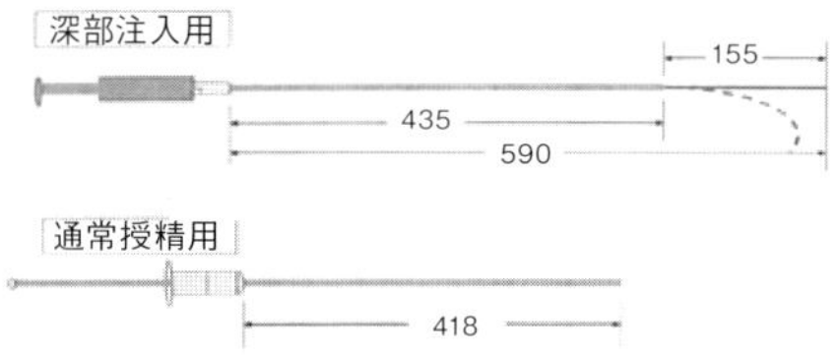

図 7.7　ウシ人工授精器具の改良（文献[12]を改変）
深部注入用器具は，胚注入器具を改良して利用する．深部注入用器具は，通常授精用に比べ器具全長が長く，先端部が樹脂製であることから，子宮角先端への挿入と精液注入が容易である．

7.2.5　X，Y 精子の選別技術の改良と可能性

今後，精子処理法，精子保存液の改良，およびフローサイトメーターの性能の向上などにより，生産効率はさらに改善されると考えられる．しかしながら，通常の射出精液による凍結精液生産に比べれば，人工授精に利用可能な精液生産の効率は低く，フローサイトメトリー法に替わりうる，実用化可能な大量選別技術の開発が望まれている．

また，X，Y 精子の高精度，大量選別技術の開発を目的に，フローサイトメーターで選別した X，Y 精子のタンパク質を分離後，解析により特異的タンパク質が検索されている．それによれば，精子の可溶化，SDS-ポリアクリルアミドゲル電気泳動後，X，Y 精子で発現量の異なるタンパク質が確認できたが，N 末アミノ酸配列の解析後の相同性検索では性染色体上に座位するものではなかった[14]．今後，分子生物学的，生化学的分析技術を駆使し，X，Y 精子の大量選別のためのマーカーとなる新規物質[15]の同定が期待される．

7.3 胚の性判別

7.3.1 胚の性判別技術

初期胚から採取した細胞の染色体，DNA を調べて性判別し，残りの胚を移植することで高い精度での雌雄の産み分けが可能となり，これまで普及してきた．しかし，胚の操作，検査時間，費用などが課題として残されている．

7.3.2 染色体による胚の性判別

染色体による胚の性判別法としては，切断分離（**図 7.8**），あるいはバイオプシーにより桑実胚，胚盤胞から細胞を採取して培養後，コルセミド，低張処理し，固定後に性染色体を調べる方法がある（図 7.1 参照）．ただし，正確な染色体分析には一定以上の細胞が必要であり，染色体検査の再現性が低いことからあまり利用されない．

7.3.3 DNA による胚の性判別

ウシをはじめ，哺乳動物の Y あるいは X 特異的 DNA 配列がそれぞれ複数同定されており，採取した胚の細胞の Y 特異的配列の有無から性判別が可能である．微量の DNA から標的の特異的 DNA 配列を増幅できる PCR（polymerase chain reaction）法，あるいは LAMP（loop-mediated isothermal amplification）法（**図 7.9**）が開発，確立され，数個の細胞からの短時間で精度の高い性判別が実現している．

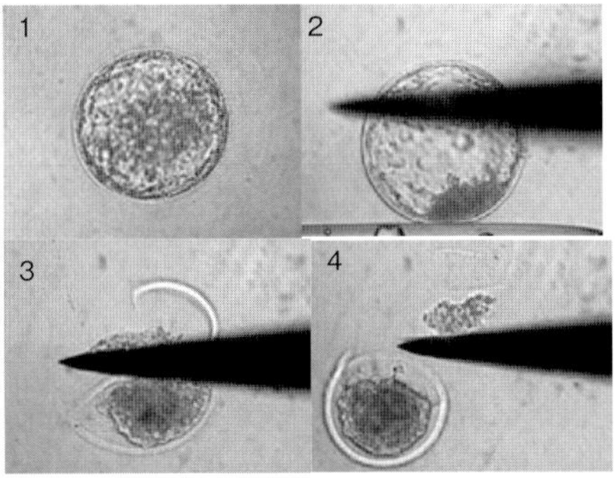

図 7.8　ウシ胚の性判別：切断による胚からの細胞の採取（文献[16]を改変）
1；ウシ拡張胚盤胞，2；黒い物は切断用刃物，3；切断中，4；刃物上部の小片を性判別に利用．

a. PCR 法

PCR 法は，一本鎖 DNA が相補的一本鎖配列に結合する特性を利用した反応である．具体的には，標的 DNA を挟む 2 種類のプライマーを設定し，反応温度を 3 段階に連続的に変えることで，特異的 DNA 配列のみが n 回の反応でおよそ 2^n 倍に増幅される．胚の性判別は，増幅さ

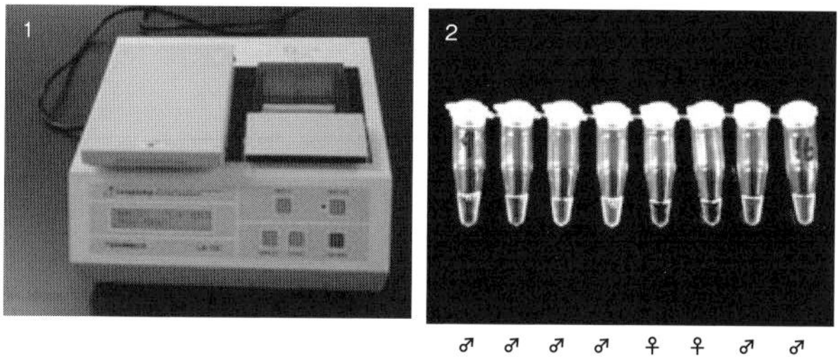

図 7.9 LAMP 法によるウシ胚の性判別：DNA の増幅と濁度検査（文献[16]を改変）
1 の DNA 増幅装置で胚由来の DNA を増幅する．増幅後，2 のチューブ内液の濁度で雌雄を判定する．左 4 本，右 2 本は濁度が高い雄胚（6 本）で，右から 3,4 番目は透明な雌胚（2 本）．

れた DNA を電気泳動させ，有無を判定することで可能になる．

b．LAMP 法

LAMP 法は，PCR 法と比べて簡易かつ短時間で行うことができる遺伝子増幅法である．標的 DNA の 6 つの領域に対して 4 種類のプライマーを設定し，鎖置換型 DNA 合成酵素，基質などを添加，混合して，一定温度（約 65℃）に 15 分～1 時間保温するだけで，特異的 DNA の一部を約 10^{10} 倍に増幅できる．増幅後，反応液の濁度による特異的 DNA の検査から，胚の性判別が可能になる（図 7.9）．

7.3.4 抗体による胚の性判別

雄の胎子から雄特異抗体を作製し，胚の性判別へ利用する試みが行われている．これは，培養中の雄胚に雄特異抗体が結合することから，標識後に雄胚を判別できるものである．また，雄特異抗体を添加して桑実胚を培養すると，雄胚が高率に発生を停止することが報告されている．しかしながら，得られる雄特異抗体の力価が低く，再現性が低いことから，利用率は低い．

7.3.5 発生速度による胚の性判別

マウスの雌胚と雄胚には発生速度の違いが知られており，胞胚腔の形成時期が異なるマウス胚を性判別すると，70～80％の性の偏りが認められている．例えばウシの体外受精卵では，媒精日から 8 日目に拡張胚盤胞に発生した胚には雄胚が多いことが確認されている[17]が，精度が低く，雌雄産み分けへの利用は少ない．

7.4 雌雄産み分け技術の可能性

LAMP法の開発と普及により，胚の性判別技術はほぼ確立したといえる．しかしながら，すでに決定された胚の性を高い精度で判別できても，その胚が望まない性であれば利用されないことになり，経済的損失は大きい．

このことからも，ウシをはじめ家畜における雌雄産み分けを安定して継続的に進めるためには，容易で大量にX，Y精子を分離・選別できる方法の確立が必要である．X，Y精子の大量選別のためのマーカーの同定，さらには遺伝子操作，クローン動物作出技術などとの融合による新たな雌雄産み分け技術が，確実な実用化技術として確立されることが期待される．［**濱野光市**］

文献

1) Cran, D. G. et al.：*Vet. Rec.*, **132**, 40–41 (1993).
2) Hamano, K. et al.：*Biol. Reprod.*, **60**, 1194–1197 (1999).
3) Amann, R. P. and Seidel, G. E., Jr.：Prospects for Sexing Mammalian Sperm. Colorado Univ. Press (1982).
4) Johnson, L. A. and Welch, G. R.：*Theriogenology*, **52**, 1323–1341 (1999).
5) Johnson, L. A. et al.：*Biol. Reprod.*, **41**, 199–203 (1989).
6) 正木淳二：産婦人科の世界，**55**，701–705 (2003).
7) Johnson, L. A.：*Anim. Reprod. Sci.*, **60**, 93–107 (2000).
8) 木村博久：家畜人工授精，**251**，1–16 (2009).
9) 木村博久：LIAJ News，(127)，30–33 (2011).
10) 湊 芳明：家畜人工授精，**245**，21–34 (2008).
11) 戸田昌平：Dairy News，**676**，5107–5112 (2009).
12) 浜野晴三：LIAJ News，(122)，8–15 (2010).
13) 砂川政広：日本胚移植学雑誌，**34**，91–95 (2012).
14) 戸田昌平：*J. Mamm. Ova Res.*, **25**, S8 (2008).
15) Hendriksen, P. J. M.：*Theriogenology*, **52**, 1295–1307 (1999).
16) 家畜改良事業団 家畜バイテクセンター：体外受精卵の性判別法（LAMP法）. http://liaj.or.jp/ivf/sexing/index.html（2014年2月13日確認）
17) 浜野晴三：*J. Mamm. Ova Res.*, **25**, S7 (2008).

8

顕　微　授　精

8.1 はじめに

哺乳類の受精現象は母体内で進行し，受精の成立に至るまでの生物学的・細胞化学的な条件は極めて複雑であることが知られている．したがって，受精機構の研究，あるいは受精補助技術開発は，受精現象をより人為的にかつ単純化する方向で進められてきた．

受精の人為的補助技術は，自然に近いものから順に，人工授精，体外受精，そして顕微授精であり，最後の顕微授精は究極的に単純化された受精補助技術といえる．広義の顕微授精には，精子透明帯通過補助技術（partial zona dissection, subzonal insemination）が含まれるが，ここでは狭義の顕微授精である，精子（または精細胞）の卵細胞質内注入技術について解説する．

顕微授精技術の利点として，①精子の運動性が不要，②未成熟精子（精細胞）の利用が可能，③極めて高効率な受精卵（前核形成胚）の作出があげられる．また欠点としては，①やや高度な顕微操作技術および特殊な機器が必要，②正常受精卵に比べて低い胚発生効率があげられる．この胚発生効率は動物種によって大きく左右されるもので，一般に実験動物や霊長類では胚・産子が比較的高率に得られ，実際にマウスやヒトにおいては，顕微授精が体外受精の代用として広く用いられている．一方ウシなどの家畜では，主に卵子の活性化不全などが原因となって顕微授精の効率が下がる傾向にある．

このため，顕微授精技術の開発および応用は，実験動物，特にマウスにおいて著しく進展している．これは，生殖細胞の体外操作を含めた発生工学研究が主にマウスで進められていることも大きく関係している（顕微授精の専門的な詳細については総説[1-3]参照）．

8.2　顕微授精の種類

上述したように，狭義の顕微授精は精子（または精細胞）の卵細胞質内注入技術である．成熟精子を用いた顕微授精は，卵細胞質内精子注入法（intracytoplasmic sperm injection，ICSI）と呼ばれ，伸長精子細胞を用いた顕微授精はELSI（elongated spermatid injection），そして円形精子細胞を用いた顕微授精はROSI（round spermatid injection）と呼ばれる．

さらにマウスでは，減数分裂中の2次精母細胞や減数分裂前の1次精母細胞を用いて産子が生まれている[1-4]．これらの精母細胞を用いた顕微授精では，卵子の中で精母細胞染色体の減数分裂を完了させ，通常の受精と同じ二倍体胚を作出する．1次精母細胞を用いた場合は，産子率が極端に落ちる（数%）が，これは主に第1減数分裂時における姉妹染色分体の早期分離による[4]．

8.3　各種動物の顕微授精

哺乳類の卵子，精子そして受精卵は，それぞれの種に固有の生物学的および物理学的性質がある．このため，顕微授精技術や得られた受精卵の培養，胚移植技術も，各動物種に応じて開発をする必要がある．これはそのまま，顕微授精技術発達の歴史を映し出しており，これまでに家畜，実験動物，ヒトなど15種類の動物で，顕微授精由来の産子が生まれている（**表8.1**）．以下，顕微授精の歴史に沿って，各哺乳動物種の顕微授精の特徴を述べる．

8.3.1　ゴールデンハムスター

哺乳類で最初に顕微授精による受精現象が報告されたのは，ゴールデン（シリアン）ハムスターである．この事実は意外かもしれないが，ハムスターには哺乳類の受精現象の解明に多大な貢献をしてきた歴史があり，顕微授精も体外受精実験の延長で実施されたものであった．ハムスターは，明期約14時間以上で極めて正確に4日間の性周期を維持し，かつ通常のeCG（PMSG）による過排卵処理によく反応するため，未受精卵および体内受精卵をほぼ確実に得ることができる．また，通常の位相差顕微鏡で精子の先体反応が確認でき，卵子は顆粒が少ないために前核や細胞質内部の観察が容易である．さらに透明帯除去卵子は，ほとんどの哺乳動物の精子を受け入れる性質をもつ（ハムスターテスト）．1963年に

表 8.1　各動物種における顕微授精の成果

種	射出精子	精巣上体精子	精巣内精子	伸長精子細胞	円形精子細胞	備考
マウス		産子	産子	産子	産子	フリーズドライ精子，1次精母細胞でも産子.
ラット		産子		産子	産子	フリーズドライ精子でも産子.
ハムスター		産子	前核期		産子	哺乳類で最初の顕微授精実験(1976 年). フリーズドライ精子でも産子.
スナネズミ		前核期				IVF 困難.
マストミス		2 細胞期		産子	胚盤胞	IVF 困難.
モルモット		4 細胞期				IVF 可能だが，産子の報告はなし.
ウサギ	産子	産子		産子	産子	哺乳類で最初の顕微授精由来産子(1988 年). フリーズドライ精子でも産子.
ウシ	産子				胚盤胞	哺乳類で最初の凍結融解精子由来産子(1990 年).
ウマ	産子					
ヤギ	産子					
ヒツジ	産子					
スイギュウ	胚盤胞					
ブタ	産子			前核期	胚盤胞	トランスジェニックブタ作出.
イヌ	8 細胞期または胚盤胞					体細胞クローン由来産子は生まれている.
ネコ		産子				
アカゲザル	産子		産子	産子		円形精子細胞を用いた顕微授精は困難.
カニクイザル	産子				胎子	円形精子細胞由来胎子は流産.
ヒヒ	産子					
ニホンザル	胚盤胞					ES 細胞作出用.
チンパンジー	胚盤胞					
ミドリザル	胚盤胞					ES 細胞作出用.
マーモセット	胚盤胞					ES 細胞作出用.
ヒト	産子	産子	産子	産子	産子	体外発生精子でも産子.

は Yanagimachi と Chang がハムスターを用い，哺乳類で初めて精巣上体精子による受精に成功している[5]．そして 1976 年，Uehara と Yanagimachi の手により，初の顕微授精由来の受精卵作出が報告された[6]．

ハムスターの卵子は注入刺激に対して抵抗性があることから，初期の顕微授精の実験に盛んに用いられ，精子核の生化学的性状と受精能（卵子活性化および前核形成）との関連などについて詳細な研究が進められた．しかしながら，受精卵

(胚) が非常に強力な体外発生停止 (in vitro developmental block) をしてしまうため，体外操作由来の産子を得ることは極めて難しい．結局，体外受精の成功から産子誕生まで約 30 年かかったのと同様に，顕微授精成功から産子誕生までには 26 年の歳月を要した[7)]．

8.3.2 ウサギ

ウサギは，19 世紀末に最初に胚移植が成功した動物種である．過排卵および胚の培養が比較的容易であり，妊娠期間も約 30 日と短い，といった条件が整っていたことから，哺乳類で最初の顕微授精由来産子が誕生している[8)]．その後，マウスと同様に精子細胞を用いた顕微授精も試みられたが，初期胚で染色体異常が生じやすく，特に円形精子細胞を用いた場合は産子の出生率が著しく低下する．これは，精子とは違い注入後の円形精子細胞から微小管形成中心 (microtubule organizing center) が形成されないことが，原因の 1 つであると考えられている．

8.3.3 ウ　シ

ウシは，2 番目に顕微授精由来産子が生まれた動物種である[9)]．卵巣卵子の体外成熟，体外受精，胚培養，胚移植など胚操作の基本的な技術が確立しており (3 章参照)，また卵子が注入刺激に強いことから，顕微授精を実施するための良好な条件がそろっている．唯一，ウシの顕微授精を難しくしているのは，精子注入後の卵子の活性化が弱い点である．原因は不明であるが，この弱点を補うために卵子に活性化刺激を与えたり，精子に還元剤の前処理をするなどの工夫が行われている．

8.3.4 ヒトおよびその他の霊長類

ヒトの顕微授精は，1992 年，ウサギ，ウシについで成功し，正常な産子が生まれている[10)]．わが国でもその直後に出産が報告され，現在の不妊治療の現場では体外受精よりも多くの例数が実施されている．他の霊長類でも，ヒヒ，アカゲザル，カニクイザルで出産が報告されており[2)]，アカゲザルでは伸長精子細胞からも産子が生まれている．

霊長類の卵子は比較的注入操作に強く，また胚も強い発生停止は起こさないため，顕微授精技術の応用が盛んに進められてきた．例えば，顕微授精由来胚からのES細胞樹立，卵子紡錘体（MII染色体）置換と顕微授精を組み合わせたミトコンドリアハプロタイプ変換実験，顕微授精とレンチウイルスベクターを組み合わせたトランスジェニックサルの作出などが行われている．

8.3.5 マウス

マウスは，現在最も広く使われている実験動物であり，発生工学技術の開発においても先端的な役割を果たしてきた．特に，1980年代のトランスジェニックマウスおよびノックアウトマウスの実用化から，その傾向はいっそう顕著になっているといえる．しかしながら，マウスの未受精卵子は注入刺激に極めて弱いという欠点があり，通常の顕微授精技術ではほとんど受精卵を得ることができない．注入ピペットを刺したとたんに，風船が割れるように卵子が壊れてしまう．このため，マウスの顕微授精が初めて成功したのは1994年のことで，しかも電気融合法によって円形精子細胞を受精させて産子を得たものであり[11]，精子を用いた顕微授精（ICSI）由来の産子は翌年の1995年まで待たなければならなかった[12]．

成功の裏には，ピエゾマイクロマニピュレーターという特殊な装置を用い，できるだけ卵子の奥深くで，卵子細胞膜に修復の容易な穴を開けることにより，初めてマウス卵子の弱点を克服できるようになった，という経緯があった（**図8.1**）．円形精子細胞を用いた顕微授精もこの注入法を用いて実用化されたもので，1998年までの間に，2次精母細胞および1次精母細胞を用いた顕微授精が可能になった[2-4]．これ以降マウスにおいて，様々な発生工学および遺伝子工学技術の基盤を生かし，顕微授精の応用が一気に進んだ（8.4節参照）．

8.3.6 ブ タ

ブタは家畜としての長い歴史をもつ動物であるが，現代では実験動物として，医学，特に外科学の発展に大きく貢献している．このため，発生工学技術の開発も盛んに進められ，特に近年では移植用臓器の作出を目指した核移植実験やキメラ実験が行われている．ブタにおける顕微授精由来産子の報告は2000年とやや他の動物に比べて遅いものの，現在までに異種移植精巣由来精子によるブタ産子獲得[13]や，トランスジェニックブタの作出に盛んに応用されている．また，体

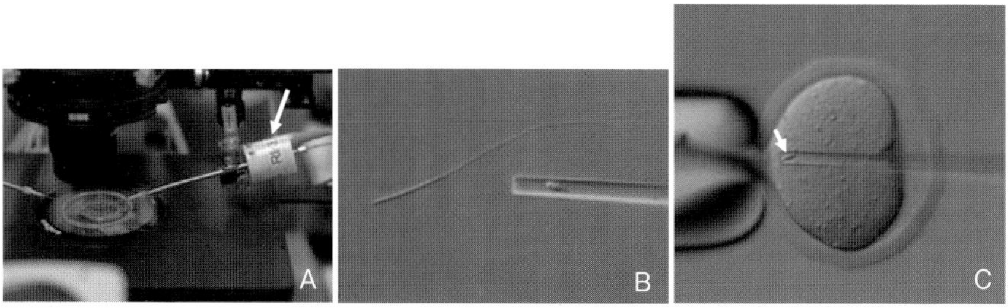

図 8.1　ピエゾマイクロマニピュレーターを用いたマウスの顕微授精

A：インジェクションピペットホルダーに設置された白い円筒形部分がピエゾインパクトユニット（矢印）．この内部にピエゾ素子が組み込まれており，瞬間的に強い圧力がピペットに加わる．

B：通常マウスの顕微授精では，精子の頭部のみを注入する．注入前に，ピエゾマイクロマニピュレーターにより尾部と頭部を切り離す．

C：注入中の精子頭部（矢印）．ピエゾマイクロマニピュレーターを用いた卵子細胞質内注入法では，注入ピペットの先端は垂直に切り取られている．

外成熟卵子を用いたブタの体外受精は多精子受精を起こしやすいことが知られているが，顕微授精によりその欠点を克服することができる．

8.3.7　ラット

ラットは，マウスについで最も多く使用されている実験動物であり，特に生理学や薬理研究においては広く用いられている．ラットの配偶子や胚はマウスとは異なる特性をもっており，体外受精も非常に難しいことが知られている．顕微授精も，卵子が体外で自然に活性化しやすいこと，そして精子の頭部が大きいことがその実用化を難しくしている．実際にラットの顕微授精を用いた研究は，平林ら日本の限られたグループが牽引している．これまでに通常の ICSI（2002年）[14]，円形精子細胞を用いた顕微授精，フリーズドライ精子を用いた顕微授精，顕微授精によるトランスジェニックラットの作出に成功している．

8.4　顕微授精の応用

これまでに顕微授精の特性を生かした様々な応用研究が行われてきたが，その多くはマウスで実施されている．これは，顕微授精の効率が安定し，周辺技術と情報が整備されているためである．以下，代表的な応用例を解説する．

8.4.1　体外操作由来生殖細胞を用いた顕微授精

生殖細胞は，始原生殖細胞から配偶子に分化するまでに減数分裂という遺伝的（genetic）な変化に加えて，大規模 DNA 脱メチル化やゲノムインプリンティングなど特有のエピジェネティック変化を進行させる．また，これらのゲノム上の変化のみならず，卵子は細胞質を巨大化し，精子は特有な形態を発達させるなど，細胞学的にも大きな変化を遂げる．

こういった複雑な生殖細胞の発生を研究すべく，体外での再現実験が数多く行われてきた．現在，この生殖細胞発生の全過程を体外で進行させる技術は未開発であるが，一部に体内環境を取り入れ，配偶子を作出することが可能になっている．これら人為操作によって得られた生殖細胞や配偶子の正常性を確認するために，顕微授精が用いられることが多い（**図 8.2**）．

顕微授精技術を用いた雄性生殖細胞の発生研究のほとんどは，減数分裂の過程

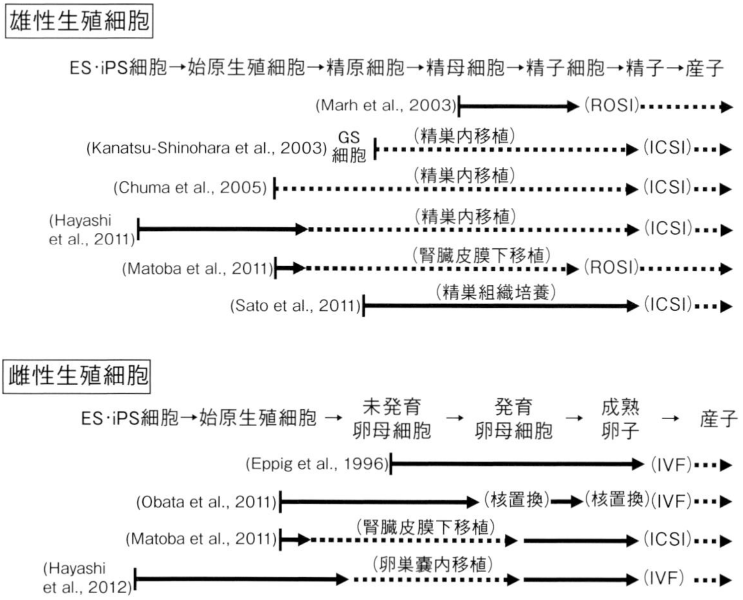

図 8.2　マウスにおける体外操作をした生殖細胞を用いた産子の研究
多くは顕微授精技術を用いて産子を得ている．
ICSI：精子を用いた顕微授精，ROSI：円形精子細胞を用いた顕微授精，IVF：体外受精．
実線は体外，点線は体内での発生を示す．

を体内移植に頼っている．その先駆けは精原幹細胞の精細管内移植で，ペンシルバニア大学の Brinster らが編み出した技術であり，精原幹細胞を含む精巣細胞懸濁液あるいは純化精原幹細胞を同種あるいは異種の精細管内へ移植することにより，精子へ発生させようとするものである[15]．同種間かつ精子への発生効率がよい場合は自然交配で産子が得られるが，その他の場合は顕微授精の補助が必要になる．マウス胎子から採取した始原生殖細胞の移植でも，精子細胞まで発生が可能であり，産子も得られている．

さらに篠原らは，マウス精原幹細胞株（生殖幹細胞，germline stem cell，GS 細胞）を樹立し[16]，顕微授精と組み合わせた数多くのユニークな研究を進めることにより，精原細胞生物学に多大な貢献をしている．体細胞から始原生殖細胞をつくり出すことは発生生物学者の長年の夢であったが，斎藤らのグループはまずエピブラストから，ついで ES 細胞および iPS 細胞から始原生殖細胞（様細胞）の作出に成功し，精巣内への移植を経て正常なマウス産子を得ている[17]（15，16 章参照）．なお，始原生殖細胞と生殖巣体細胞を用いて腎皮膜下で異所性に精巣を発生させ，顕微授精により産子を得ることも可能である．

一方，減数分裂の過程を体外で進める研究も進んでいる．マウス新生子から採取した 1 次精母細胞を体外で精子細胞まで発生させ，顕微授精により産子が得られている．また小川らのグループは，精原細胞のみを含む新生子精巣組織を体外で培養する技術を開発し，内在性精原幹細胞あるいは移植 GS 細胞由来の産子を獲得している[18]．

体外発生由来の卵子への応用では，上記の精巣と同様に，腎皮膜下で卵巣を再構築し，GV 卵子を得て，体外成熟後に顕微授精により産子が生まれている．ES 細胞あるいは iPS 細胞からも卵子が得られているが，顕微授精ではなく体外受精が用いられている．

他にはマウスをホストとして，他種の新生子精巣組織を移植し精子を得る研究も進められている．これらの精子を用いた顕微授精により，ヤギでは前核形成を，ブタおよびウサギでは産子までの発生を確認している．

8.4.2　種・系統の維持

多くの動物種において，有効な遺伝資源保存技術として精子凍結あるいは精液凍結が広く用いられている．精子による保存は，胚による保存に比べて 1 匹の個体から保存できるゲノム数が膨大であるため，スペースや費用の面で大変有利である．大型の野生動物や家畜では主に射出精子が保存され，マウスやラットなどの小型動物では精巣上体精子が保存されている．前者は人工授精と体外受精の両方に用いられるが，後者はほぼ体外受精専用となっている．

一般に，マウスやラットにみられるカギ型の精子は，他の動物の楕円扁平の精子に比べて凍結保存に弱いとされており，長年にわたって凍結保存法の改良が進められてきた．マウスでは，特に標準系統である C57BL/6J 系統の精子が凍結保存に弱いために，同系統を遺伝的背景とする遺伝子改変マウスの保存が大きな問題となっていた．ようやく近年になって，精子前培養液および体外受精液の改良により，劇的に C57BL/6J 系統の凍結保存精子の体外受精効率が改善している[19]．

ただしそれらの改善策をもってしても，凍結容器の相違，技術的なばらつき，マウス系統特異的な性質などによって，体外受精成績が著しく低下することがある．この場合の最終手段は顕微授精であって，凍結前に生きていた精子であればほぼ間違いなく産子を得ることができ，場合によっては体外受精より効率が良好になる．顕微授精が前提の場合は，精巣凍結保存，フリーズドライ精子保存，精細胞凍結保存という手段を用いることもできる．精巣凍結保存は，最も簡便な精子凍結保存方法であり，フリーザー中で緩慢に凍結するだけでよい．精子凍結保存の経験のない研究室でも可能であるので，実際に凍結精巣による系統マウスの受け渡しも行われている．またマウス全身凍結の実験により，少なくとも 15 年間は精巣の凍結保存が可能であることが確認されている[20]．

フリーズドライ精子を用いた顕微授精では，1998 年に初めてマウス産子の獲得が報告され[21]，その後ウサギ，ラット，ハムスターでも産子の出産に成功している．ただし，現在のフリーズドライ技術では，数十年単位の長期保存にはフリーザー保存が必要になるようである．精巣から分離した精細胞の凍結保存は，多くの動物種で PBS+7.5%グリセロールおよび 7.5%血清という比較的単純な溶液で凍結保存できる．また円形精子細胞は，上記の精巣丸ごとの凍結よりもよい状態の細胞が回収できる．

8.4.3 トランスジェニック動物作出

1980 年代にトランスジェニック（TG）マウスの作出が開始されて以来，現在に至るまでTG動物の作出法は前核期胚への遺伝子注入法が主流である．その後，哺乳動物胚への遺伝子導入にはレンチウイルスベクター法が有効であることが示され，初の霊長類のTG実験動物もこの方法により作出されている．しかし，レンチウイルスベクターを用いた胚操作は，P2レベルの実験室で行わなければならないという欠点がある．一時期，体外受精時に精子が外来遺伝子を媒介してTGマウスが生まれるとの報告があったが，現在ではほとんど顧みられていない．

顕微授精は精子を直接卵子内へ導入する技術であるので，精子にDNAを付着させておけば，受精卵に外来遺伝子が取り込まれてTG動物が生まれることが期待される．実際マウスにおいては，高効率に顕微授精によるTGマウス誕生が報告されている[22]．興味深いことに，DNAを無傷の精子に付着させた場合はほとんどTGにならず，Triton処理や凍結融解などで精子膜に傷害を与えた場合のみに成功している．BACなどの比較的大きいDNAも導入が可能であること，そして通常のDNA前核注入と異なり，前核がみえにくい動物でも応用ができる，という点が特長である．ブタでも，顕微授精によるTG動物作出が実用化されている．

8.4.4　遺伝子変異マウスを用いた研究

マウスにおいては，遺伝子変異に起因する数多くの受精障害の系統が報告されている．受精障害は様々な原因で生じるが，顕微授精の効力が最も発揮されるのが精子形成不全（spermiogenesis failure）マウスのレスキューである．すなわち，精子として完成されずに受精障害を呈していても，雄性ゲノムそのものが減数分裂を終了して半数体になっていれば，顕微授精により雄性ゲノムを卵子へ導入することにより正常な受精卵が得られる可能性が高い．現在までに，単純な精子形成停止，先体形成不全，異常精子の形成など，多くの異常表現型による受精障害のレスキューの実験が行われている（総説[1-3]参照）．顕微授精実験によってこれらのマウスの産子が得られれば，精子・精子細胞ゲノムは正常であり，表現型が精子形成不全に限定していることが確認できる．なお，精子特有のDNA結合タンパク質であるプロタミンを欠失したマウスは，顕微授精ではレスキューができない．これは精子細胞のヒストンがプロタミンに置換されないために，DNAが致命的な傷害を受けるためである．

精子–卵子膜融合に関わる因子の研究にも顕微授精が用いられている．卵子側の因子としてCD9が，そして精子側の因子としてIzumoが同定されている．いずれの研究でも，顕微授精の結果正常の効率で産子が得られたことにより，これらの因子は膜融合のみに機能し，その後の受精過程には関与していないことが示されている．　**［小倉淳郎］**

文　献

1）毛利秀雄，星　元紀監修：精子学，pp.333–350，東京大学出版会（2006）．
2）Yanagimachi, R.：*J. Reprod. Dev.*, **58**, 25–32（2012）．
3）Ogura, A. et al.：*Int. Rev. Cytol.*, **246**, 189–229（2005）．
4）Ogura, A. et al.：*Proc. Natl. Acad. Sci. U S A*, **95**, 5611–5615（1998）．
5）Yanagimachi, R. and Chang, M. C.：*Nature*, **200**, 281–282（1963）．
6）Uehara, T. and Yanagimachi, R.：*Biol. Reprod.*, **15**, 467–470（1976）．
7）Yamauchi, Y. et al.：*Biol. Reprod.*, **67**, 534–539（2002）．
8）Hosoi, Y. et al.：11th International Congress on Animal, Reproduction, 3, abs. 331（1988）．
9）Goto, K. et al.：*Vet. Rec.*, **127**, 517–520（1990）．
10）Palermo, G. et al.：*Lancet*, **340**, 17–18（1992）．
11）Ogura, A. et al.：*Proc. Natl. Acad. Sci. U S A*, **91**, 7460–7462（1994）．
12）Kimura, Y. and Yanagimachi, R.：*Biol. Reprod.*, **52**, 709–720（1995）．
13）Martin, M. J.：*Biol. Reprod.*, **63**, 109–112（2000）．
14）Hirabayashi, M. et al.：*Transgenic Res.*, **11**, 221–228（2002）．
15）Brinster, R. L.：*Science*, **296**, 2174–2176（2002）．
16）Kanatsu-Shinohara, M. et al.：*Biol. Reprod.*, **69**, 612–616（2003）．
17）Hayashi, K. et al.：*Cell*, **146**, 519–532（2011）．
18）Sato, T. et al.：*Nature*, **471**, 504–507（2011）．
19）Takeo, T. et al.：*Biol. Reprod.*, **78**, 546–551（2008）．
20）Ogonuki, N. et al.：*Proc. Natl. Acad. Sci. U S A*, **103**, 13098–13103（2006）．
21）Wakayama, T. and Yanagimachi, R.：*Nat. Biotechnol.*, **16**, 639–641（1998）．
22）Perry, A. C. F. et al.：*Nat. Biotechnol.*, **19**, 1071–1073（2001）．

9

トランスジェニック動物の作製

9.1 トランスジェニック動物とは

トランスジェニック動物（transgenic animal）とは，同種あるいは異種の生物に由来する遺伝子を人為的に導入された動物個体のことをいう．導入される遺伝子を，外来遺伝子（exogenous gene），トランスジーン（transgene），あるいは単に導入遺伝子などと呼ぶ．また，遺伝子導入を受ける動物やその動物の個体発生の起源となる受精卵などを宿主と呼ぶ．

トランスジェニック動物とほぼ同義語として，遺伝子改変動物（genetically modified animal，GM 動物）という呼称が用いられる場合がある．トランスジェニック動物という用語は本来，外来遺伝子を新たに付与された動物を意味するのに対し，遺伝子改変動物という用語は，遺伝子ノックアウトやその他のゲノム編集（11 章参照）を受けた動物をも包含する．トランスジェニック動物を含めて，より広義に遺伝子改変動物と呼ぶのは間違いではない．

9.2 トランスジェニック動物作出の研究上の目的と意義

トランスジェニック動物を作出する主な研究上の目的・意義として，①特定の遺伝子の機能や発現の影響を生体の機構の中で検証すること，②本来とは異なる染色体上の位置に組み込まれた遺伝子の発現を調べること，③遺伝子発現の組織特異性の解析，④導入遺伝子を異所性に過剰発現させたときの個体の反応の観察などがあげられる．

具体例としては，海洋生物に由来する蛍光タンパク質（fluorescent protein）遺伝子の導入による，全身あるいは特定の細胞・組織・臓器が蛍光を発する動物の作出がある[1)]．これらの動物は，生体内での特定の細胞の挙動の観察や，細胞や組織・臓器の移植後の追跡などに有用である．

ある疾患の原因遺伝子であると予想される遺伝子を動物個体に発現させることで，その遺伝子の機能を特定することもできる．実際，トランスジェニックマウスの作製によって，多くの発がん遺伝子（oncogene）が同定されている．主要な発がん遺伝子の一種である *ras* と *myc* の共発現が，生体内での腫瘍の発生に決定的な役割を果たしていることは，それぞれの遺伝子を有する 2 系統のトランスジェニックマウスの交配によって証明されている[2)]．

9.3　トランスジェニック動物の応用

トランスジェニック動物は，基礎研究から産業や医療に及ぶ広い範囲で利用される．応用の目的を 4 種類に分類し，以下に示す．

9.3.1　畜産への応用

トランスジェニック動物の利用によって，優良な個体間の交配と選抜という，古典的な育種・繁殖手法では容易に到達できないような動物の改良・改変を行うことができる．

同種あるいは異種の成長ホルモン遺伝子の導入と発現によって，肉用家畜（ブタなど）の増体率や飼料効率を著しく向上させることができる．より少ない飼料消費で効率的に増体する肉用家畜を食肉生産に利用することは，世界の穀物消費の抑制に大きな意味をもつであろう．乳用家畜では，ヒトの母乳の成分に近い牛乳の生産，チーズへの加工に適した乳質への変換，乳脂肪率の低減，牛乳アレルギーの解消，乳汁の低ラクトース化などを目的として，トランスジェニックウシが生産された実績がある．また，羊毛の質や生産量の改良を目的とした，トランスジェニックヒツジもつくられている．

一般に，家畜の生産コストの 10～20％を疾病対策費が占めるといわれている．さらに，重篤な伝染性疾患への家畜の感染は，畜産業にとって死活問題となる．そのような背景のもと，抗病性をもったトランスジェニック家畜も重要な開発目標となっている．

先天的に特定の細菌やウイルスに対する抵抗性をもったトランスジェニック個体を作製することや，トランスジェニック個体の母乳中に免疫グロブリンを産生させ，哺乳中の個体の病原体への抵抗性を向上させるなどの取り組みがある．

ただし，以上のようなトランスジェニック家畜は，現時点で未だ産業的な実用に供されていない．トランスジェニック家畜およびその生産物に対する，消費者や社会の受け入れ状況が整っていないことがその理由である．特に先進工業国では，畜産物に対していわゆる安全・安心を求める消費者や市場の要求が強い．食用に直結するトランスジェニック家畜の実用には，今後さらなる議論の蓄積が必要であろう．

9.3.2 有用物質生産への応用

トランスジェニック家畜の乳汁中に生理活性タンパクを生産させ，それを薬剤原料に利用することが進められている．血友病治療薬の原料となる血液凝固因子を乳汁中に生産するトランスジェニックヒツジの開発が，その代表的な事例である[3)]．これは，トランスジェニック動物を，生理活性タンパク質（遺伝子組換えタンパク質）を生産するバイオリアクター（大量培養装置）として利用しようという発想に基づくものである．トランスジェニック動物利用のメリットは，その個体を繁殖して頭数を増やすことで，あたかも培養タンクの増設のように，物質の生産量を簡単に増やせることにある．乳用家畜の乳腺はタンパク質生産量が高いこと，生産量の調節が可能なこと，衛生的な生産物の回収が可能なことなどから，乳汁中への有用物質の生産という方策には実用的に優れた点が多い．

トランスジェニック動物に生理活性タンパクを生産（分泌）させる目的で，乳汁の他に，血液，唾液，汗，尿，精液などの利用も可能とされている．

9.3.3 医療・医学への応用

ヒトの疾患を忠実に再現するトランスジェニック動物は，治療法や治療薬の開発に不可欠である．齧歯類の実験動物を中心に，数多くの疾患モデルとしてのトランスジェニック動物が作製・利用されている．近年では，疾患モデルトランスジェニックブタの開発・利用が活発化している．ブタは生理・解剖学的にヒトへの類似性をもつことから，疾患モデルブタを用いた研究により，よりヒトへの外挿性の高い知見が得られることがその理由である[4)]．

臓器移植医療における提供臓器の絶対的不足を解消する目的で，トランスジェニックブタの臓器を移植に用いることを目標とした研究，すなわち異種移植（xenotransplantation）の研究が世界的に進行している．異種動物の臓器をヒトに移植した場合，超急性拒絶や遅延型拒絶などの拒絶反応が起こる．これらの反応の一部を抑制するために，ヒトの補体制御因子を血管内皮に発現するトランスジェニックブタがつくられている．実際に異種移植の臨床応用を実現するには，様々な拒絶反応や血液凝固反応などの多くの障壁を乗り越えなければならない．そのためには1種類の遺伝子改変だけでは不十分であり，複数の遺伝子改変を合わせもった個体，いわばマルチ・トランスジェニックブタが必要と考えられている[5)]．

異種移植は，遺伝子改変したブタの臓器をヒトへの移植に用いようとする試みである．それに対して，ヒトへの移植に最も適しているのはヒトの臓器であるという考えから，ヒトの臓器を人工的につくり出すためにトランスジェニック動物を利用する試みもある．その一例には，トランスジェニックブタ（あるいは遺伝子ノックアウトブタ）の体内環境を利用して，ヒトの多能性幹細胞から臓器を形成する研究がある[6)]．

9.3.4 生態系の制御への利用

トランスジェニック動物の技術は，害獣の増殖抑制に利用可能である．例えば，受精の障害となるタンパク質（生殖細胞に対する抗体など）を標的の害獣に産生させることで，その動物の集団を不妊化し，やがて個体数の減少に導くという戦術である．ただし，導入遺伝子を有する個体を集団の中に広めていくことが必要なので，トランスジェニック動物の自然環境への放出が避けられないことが問題となる．

9.4 トランスジェニック動物の生産技術

9.4.1 前核注入法

前核注入法は，受精直後の胚（1細胞期）の前核内に導入したい遺伝子のDNA分子を直接注入する方法で（**図 9.1**），Gordonらによって開発された[7,8)]．この方法では，一定の効率で宿主である胚のゲノムに外来遺伝子の組込みが起こる．受精後の前核形成期は動物によって異なるので，注入に適したタイミングを動物種ごとに確立する必要がある．**図 9.2** は，マウスおよびブタ胚の前核注入操作である．

前核は精子あるいは卵子の半数体核に由来するが，精子由来の雄性前核にDNA注入が行われる場合が多い．これは，雄性前核の方が雌性前核に比べて大

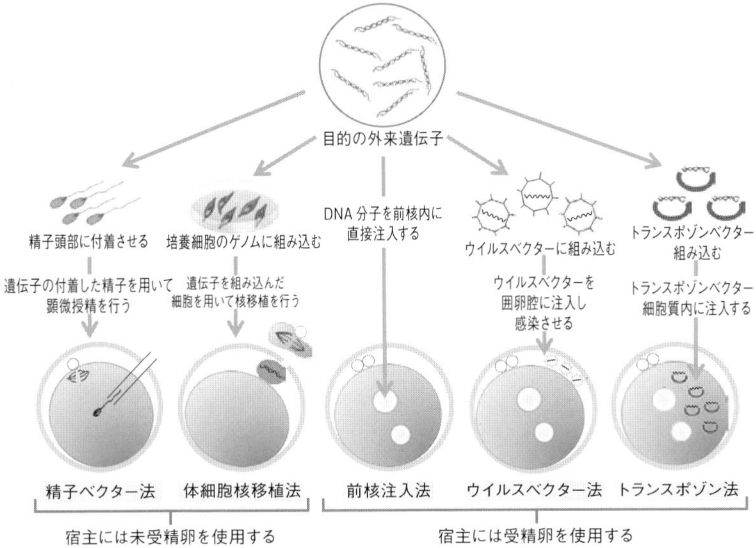

図 9.1　哺乳動物卵子・胚への遺伝子導入法の比較

トランスジェニック動物作製を目的とする遺伝子導入法は，宿主として未受精卵を使用する精子ベクター法や体細胞核移植法と，宿主には受精卵（胚）を使用する前核注入法，ウィルスベクター法，トランスポゾン法などに区別される．それぞれの方法では，導入遺伝子の扱いも異なる．遺伝子導入法の選択は，トランスジェニック動物を生産する目的，導入したい遺伝子の種類，利用可能な実験技術や設備などの条件に応じて行われる．

きく，DNA 注入操作が容易であるという技術的な理由による．動物種による差はあるが，数 kb～10 kb 程度の大きさの cDNA（直鎖状二本鎖）分子を，数百～1000 コピー程度，数 pl の溶液とともに前核内に注入するのが一般的である（図 9.1）．前核注入法では，導入遺伝子の複数分子が直列に連結した状態（コンカテマー）で，宿主染色体上の 1 か所に組み込まれる場合が多い．外来遺伝子が組み込まれる染色体上の位置は不特定である．

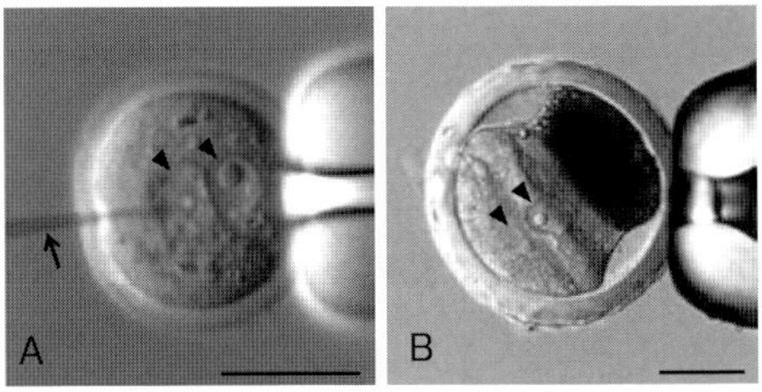

図 9.2　前核期胚への遺伝子注入

A：マウス胚の前核（矢頭）へインジェクションピペット（矢印）を挿入し，外来遺伝子 DNA を注入する操作．B：ブタ胚は多量の細胞質脂肪顆粒を含むため，通常は前核が視認できない．遠心処理により脂肪顆粒を細胞質内の一方に片寄らせると，前核（矢頭）の位置を確認することができる．

雌雄前核はのちに融合して二倍体核を形成するが，胚の分割前に外来遺伝子が宿主ゲノムに組み込まれた場合は，全身の細胞に外来遺伝子が組み込まれたトランスジェニック個体となる．一方，胚の分割後に遺伝子の組込みが起こった場合，導入遺伝子をもつ細胞ともたない細胞とが混在したモザイク状のトランスジェニック個体が生じることになる．生殖細胞の一部にのみ外来遺伝子の組込みが起こった場合には，導入遺伝子が子孫に伝達される確率は低下する．

9.4.2 精子ベクター法

精子ベクター法では，顕微授精技術（8章参照）を遺伝子導入に用いる．前核注入に用いるのと同様のDNA溶液中に，凍結融解や超音波処理によって不動化した精子を5〜10分程度保持し，DNA分子を精子に接着させる．凍結融解処理や超音波処理で精子の細胞膜には損傷が生じるので，相当数のDNA分子が細胞膜下に侵入するとされている．このような精子を卵子に顕微授精し（**図9.3A**，図9.1も参照），受精を成立させる[9]．

受精後の精子頭部は膨化し，その後前核を形成する．その際，精子頭部に付着していた外来遺伝子DNAは前核内に取り込まれ，その後のDNA複製の過程で宿主胚のゲノムに組み込まれると考えられている．このような過程の特徴から，精子ベクター法では比較的モザイク状の外来遺伝子の組込みは起こりにくい．

前核内にDNAを直接注入する方法に比べて，精子ベクター法はサイズの大きな（100 kb以上）外来遺伝子分子を導入するのに適している．サイズの大きなDNAは注入の際に断裂しやすいため，遺伝子の機能が損なわれるリスクが高い．それに対し精子ベクター法では，巨大なDNA分子であっても，精子に付着することで断裂を受けにくくなると考えられている[10]．

精子ベクター法で導入された外来遺伝子の挙動は前核注入法の場合と同様で，染色体上の不特定の位置に，通常複数分子のDNAが直列に連結した状態で組み込まれる．

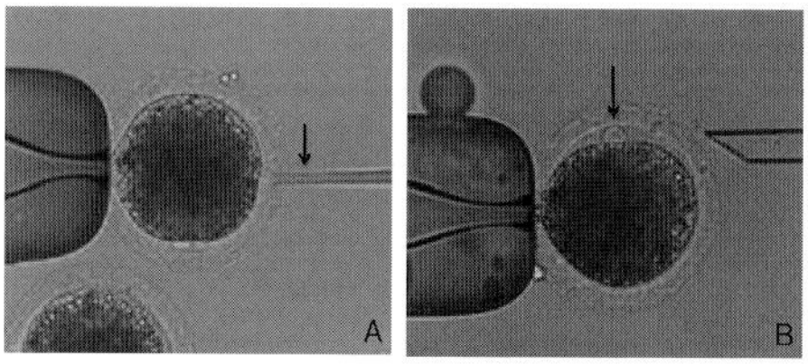

図9.3 精子ベクター法と体細胞核移植法の操作
A：精子ベクター法において，ブタ卵子に注入ピペット内に吸引した精子頭部（矢印）を注入する操作．B：外来遺伝子を組み込んだ体細胞（矢印）を，ピペット操作（図中右上）により宿主卵（除核済み）の囲卵腔に挿入したところ．この後，卵細胞質と体細胞とを融合させ，核移植を完成させる．

9.4.3　体細胞核移植法

これは体細胞核移植（**図 9.4**，14 章参照）の核ドナー細胞にあらかじめ外来遺伝子を組み込み，それを用いてトランスジェニック・クローン個体をつくる方法である[3)]（図 9.3B，図 9.1 も参照）．核ドナー細胞（培養細胞）への遺伝子導入には，エレクトロポレーション，リポフェクション，ウイルスベクターなどの様々な方法を適用することができる．

遺伝子導入された細胞を解析し，導入コピー数や発現レベルなどの情報を得た後に，最適な細胞を用いてトランスジェニック個体を作製できることが，体細胞核移植法のメリットの1つである．また，遺伝子導入した細胞を増殖させて核移植に用いることで，同じ表現形をもったトランスジェニック個体を反復して生産できることも利点としてあげられる．

体細胞核移植によって作出された動物は，エピジェネティック修飾（2 章）の影響を受けている場合が多い．そのため体細胞核移植で作出されたトランスジェニック・クローン動物は，外来遺伝子の発現とエピジェネティック修飾の影響を

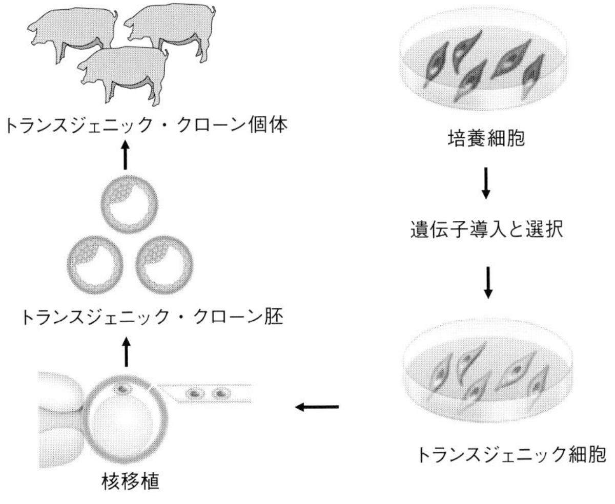

図 9.4　体細胞核移植によるトランスジェニック・クローン個体の作出
胎子あるいは成体の組織から樹立した初代培養細胞に遺伝子導入を施し，トランスジェニック細胞を獲得する．得られたトランスジェニック細胞を体細胞核移植に用いることで，同じ外来遺伝子を有するトランスジェニック・クローン個体の集団を生産することができる．作製したトランスジェニック細胞あるいはトランスジェニック・クローン胚を凍結保存することで，クローン個体を随時反復して作出することが可能となる．

二重に受けることになる．したがって，得られたトランスジェニック・クローン動物が示す表現形が，外来遺伝子の発現によるものかどうか，注意深く解析することが求められる．

体細胞核移植法がその真価を発揮するのは，遺伝子ノックアウト家畜の作製においてである．代表的な齧歯類の実験動物であるマウス，ラットでは，ES 細胞を用いて遺伝子ノックアウト個体の作出が行われる（10，11 章参照）．一方，家畜では ES 細胞は樹立されていないので，体細胞核移植を用いる遺伝子ノックアウトが実用的な方法となっている．その場合，ゲノム編集技術（11 章参照）を用いて作製された核ドナー細胞から，遺伝子ノックアウト・クローン個体が作出される．

9.4.4 ウイルスベクター法

これは，レトロウイルスベクターやレンチウイルスベクターを用いて，初期胚（主に受精直後の 1 細胞期胚）に遺伝子を導入する方法である[11,12]（図 9.1 参照）．このうちレトロウイルスは一本鎖 RNA ウイルスであり，ウイルスゲノムから病原性や増殖に関係する遺伝子を取り除き，目的の外来遺伝子を組み込んだものをウイルスベクターとして使用する．つまり，ウイルスの動物細胞への感染力を利用して外来遺伝子を胚に導入するシステムである．ウイルス RNA は感染した細胞内で逆転写されて二本鎖 DNA となり，宿主ゲノムに組み込まれる．それに伴い，レトロウイルスベクターに組み込まれた外来遺伝子は，宿主染色体上に安定的に組み込まれることになる．外来遺伝子が生殖細胞にも組み込まれた場合は，子孫にも伝達される．

レトロウイルスベクターが分裂細胞にしか遺伝子導入できないのに対して，レンチウイルス（レトロウイルスの一種）ベクターは非分裂細胞への遺伝子導入が可能であるという特徴を有する．またレトロウイルスベクターを使用した場合に起こりやすい，導入遺伝子の発現抑制（サイレンシング）は，レンチウイルスベクターでは起こりにくい．

9.4.5 トランスポゾンを用いる方法

トランスポゾンは，トランスポザーゼと呼ばれる転移酵素の作用によってゲノム上を移動する DNA 配列である．トランスポゾンに目的の外来遺伝子を組み込んだベクターを，転移酵素の発現ベクターや mRNA とともに受精卵の細胞質内に注入する．細胞質内で合成された転移酵素は核内に移行し，目的遺伝子の宿主ゲノム上への組込みを誘導する（図 9.1 参照）．

蛾の一種に由来する Piggy Bac トランスポゾン[13)]，メダカゲノムから発見された Tol2 トランスポゾン[14)]，さらに魚のゲノムに痕跡として存在するトランスポゾンの塩基配列をもとに人工的に作製された Sleeping Beauty[15)] などを利用したシステムが，トランスジェニック動物の開発に利用されている．

［**長嶋比呂志**］

文　献

1）Okabe, M. et al.：*FEBS Lett.*, **407**, 313-319（1997）.
2）Sinn, E. et al.：*Cell*, **49**, 465-475（1987）.
3）Schnieke, A. E. et al.：*Science*, **278**, 2130-2133（1997）.
4）Aigner, B. et al.：*J. Mol. Med.*, **88**, 653-664（2010）.
5）Miyagawa, S. et al.：*Xenotransplantation*, **17**, 11-25（2010）.
6）Matsunari, H. et al.：*Proc. Natl. Acad. Sci. U S A*, **110**, 4557-4562（2013）.
7）Gordon, J. W. et al.：*Proc. Natl. Acad. Sci. U S A*, **77**, 7380-7384（1980）.
8）Brinster, R. L. et al.：*Proc. Natl. Acad. Sci. U S A*, **82**, 4438-4442（1985）.
9）Perry, A. C. et al.：*Science*, **284**, 1097-1098（1999）.
10）Watanabe, M. et al.：*Trans. Res.*, **21**, 605-618（2012）.
11）Soriano, P. et al.：*Science*, **234**, 1409-1413（1986）.
12）Lois, C. et al.：*Science*, **295**, 868-872（2002）.
13）Ding, S. et al.：*Cell*, **122**, 473-483（2005）.
14）Sumiyama, K. et al.：*Genomics*, **95**, 306-311（2010）.
15）Garrels, W. et al.：*PLoS One*, **6**, e23573（2011）.

10

ES 細胞の遺伝子改変

未知の遺伝子が個体のどのような表現型に関わっているかを解析することは，遺伝子の機能を研究していく上で大きな要素であるが，そこで遺伝子改変動物が重要になってくる．個体中で目的の遺伝子を過剰に発現させる，あるいは欠失させることにより，試験管内での実験だけでは得られない情報を与えてくれるからである．このような遺伝子改変動物をつくり出す上で，最も重要な技術が ES 細胞（embryonic stem cells：胚性幹細胞）の遺伝子改変技術である．ES 細胞は多分化能を維持したまま無限に増殖できる幹細胞であり，遺伝的な変異を付与した ES 細胞を生殖細胞へ伝達することにより，マウス個体へと反映させることができる．このことから，ES 細胞は哺乳動物における遺伝子操作のベクターとしての役割を担っている．

ES 細胞に人為的な遺伝子変異を施すには，大別して相同遺伝子組換えに基づく方法とランダム挿入に基づく方法の 2 つがある．本章では，それらを利用したマウス ES 細胞の遺伝子改変技術について紹介する．

10.1 相同遺伝子組換え

ES 細胞がもつ，培養細胞でありながら個体へと復元することができるという性質は，遺伝子改変動物を作出する上で様々な有利な条件を提供している．特に，トランスジェニック動物では実現が困難であった内在性の「特定のゲノム領域を操作する」ことにより，任意の遺伝子を破壊したノックアウト動物や，任意の遺伝子を置換したノックイン動物などの高度な遺伝子改変動物を作出することができる．この ES 細胞に極めて有用なツールとしての生物学的特性を与えているのが，相同組換え（homologous recombination）である．

相同組換えを一言でいうなら，「DNA の損傷を元通り修復したり，種の多様性を創り出すための仕組み」である．生物の設計図である DNA は，放射線や化

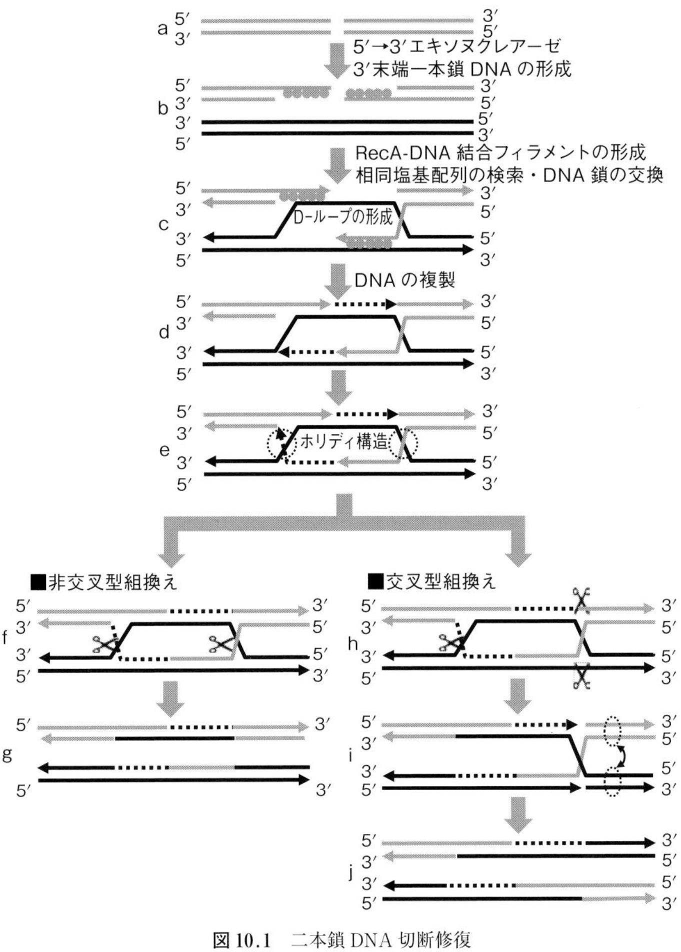

図 10.1　二本鎖 DNA 切断修復

学変異原などの外部環境や，細胞自身の正常な代謝の中で生じる活性酸素種など，様々な物理的・化学的ストレスにより常に損傷・修復を繰り返している．片側の DNA 鎖での小さな損傷であれば，相補鎖 DNA を鋳型にして簡単に修復することができる．しかし，二重鎖 DNA の両鎖で切断が生じたり，片方の DNA 鎖で切断が生じ，大幅に欠失するような大きな損傷が生じることがある．そのような場合には，生物の体が二倍体であることが重要な意味をもつ．すなわち，修復したい箇所と相同な染色体がもつ DNA の塩基配列（相同部位）を鋳型として利用することにより，失われた部分の塩基配列を復元し細胞を死から守っているのである．さらに相同組換えは，真核生物の有性生殖における減数分裂の過程で遺伝情報を高頻度に再編することにより，生物種の多様性を生み出す原動力となっている．

相同組換えの基本的な工程は，①検索，②切断，③交換，④結合の4段階を経て行われる．最初の検索の過程では，相同組換えを起こすべき染色体の相同配列をお互いに検知し接近する．次の切断の過程では，接近した2本の染色体上の相同な位置でDNA鎖が切断される．そして交換の過程では，相同染色体の間でDNA鎖が交換される．最後に結合の過程では，交換されたDNA鎖が結合し，2本の染色体が回復する．ただし，DNAの修復と減数分裂における組換えでは起点となる染色体の状況が異なっており，それぞれに応じた分子メカニズムが働いている．以下，人為的な遺伝子改変の背景となる相同組換えを理解するために，基本工程となる二本鎖DNA切断修復について紹介する（**図10.1**）．

DNAの二重鎖切断（double strand breaks, DSBs）が生じると，ヘリカーゼ・ヌクレアーゼ活性をもつRecBCD複合体が二重鎖切断を受けた末端に結合し，二重鎖をほどきながら5′→3′エキソヌクレアーゼ活性によって3′末端側に一本鎖DNAを露出させる．一本鎖DNAは一本鎖DNA結合タンパク質（single strand binding protein, SSB）に保護され，RecAタンパク質がリクルートされる．この連続反応によりRecAタンパク質の重合・伸長反応が進み，核タンパク質フィラメントが形成され，組換え反応の基質となる（図10.1 a, b）．核タンパク質フィラメントは，相同な二重鎖DNAを検索して見つけ出し，そのうち相同な一本鎖との交換反応を行う（D-ループの形成，図10.1 c）．もぐり込んだ一本鎖DNAの3′末端はプライマーとなり，受け入れた相手のDNAを鋳型として修復合成が進み，相同な二重鎖どうしがお互いの一本鎖の交叉で結合されたホリディ構造（Holliday junction）[1,2]と呼ばれる十字型DNA構造を形成する（図10.1d, e）．RuvAB複合体によりこの構造が伸長することで，相同組換え領域が拡大する．最後に，交叉していた2分子のDNA鎖がホリディ構造特異的なヌクレアーゼであるRuvCによって切断・分離され，切れ目がDNAリガーゼで結合されることにより組換え反応が完了する．この切れ目の入り方によって，切断された二本鎖DNAの修復（非交叉型組換え，図10.1f, g）と，交叉を伴う修復（交叉型組換え，図10.1h〜j）の異なるタイプの二本鎖DNA分子が生成する．

以上は原核生物での工程であり，真核生物でも同様に行われるが，役割を担う酵素が多様化してくる．現在でも未知の分子もあるが，例えば原核生物の RecA に相当するリコンビナーゼとして，recA-like タンパク質（Rad51 やDmc1 など）が，RecBCD 複合体に相当するヘリカーゼ・ヌクレアーゼとして MRX タンパク質複合体（Mre11/Rad50/Xrs2）などがある．特に，Dmc1 は減数分裂時の相同組換えに特異的に機能することから，幹細胞からの生殖細胞への分化誘導マーカーとしても利用される．

10.2 遺伝子破壊（ノックアウト）

10.2.1 はじめに

ゲノム中の研究対象となる遺伝子を両アレルともに人為的に破壊し，遺伝子機能が働かない状態をつくり出すことにより，対象遺伝子の真の機能を浮かび上がらせることができる．このような手法は遺伝子ターゲティング法と呼ばれ，遺伝子機能の解析手法が飛躍的に発展している現在においても，他に代えがたい重要なツールの1つである．

遺伝子ターゲティング法は，Capecchi ら[3]および Smithies ら[4]により開発された（**図 10.2**）．遺伝子ターゲティングとは，ゲノム中に存在するある遺伝子を，その配列情報から人工的に作製した変異型遺伝子断片（ターゲティングベク

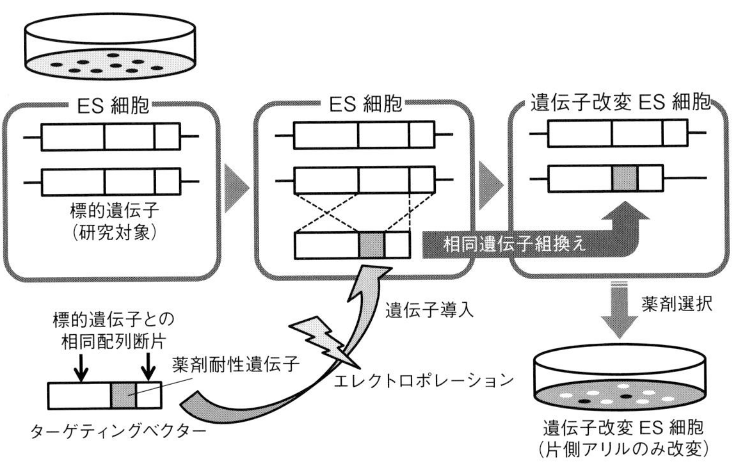

図 10.2 遺伝子ターゲティング法による ES 細胞の遺伝子改変

ター）で置き換える（＝破壊する）ことを意味している．つまり，置き換えたい対象の遺伝子（標的遺伝子）において，そのゲノム領域中の2か所の塩基配列と，それぞれの相同塩基配列の間に挿入・置換したい配列（マーカー遺伝子発現カセットなど）を挟み込んだターゲティングベクターとの間で相同組換えを起こし，結果としてゲノム中の標的遺伝子の領域の一部を別の遺伝子（例えば薬剤耐性遺伝子など）で置き換える技術である．これにより，ゲノム中の目的の遺伝子を破壊した細胞を得る技術が確立された．

この特性が最大限に活用されたものが，ノックアウトマウスの開発である．ノックアウト細胞（片側アリルのみの破壊ではあるが，便宜上ノックアウト細胞と称する）の作製では，ゲノム中の標的遺伝子を正確に破壊しなければならない．このときの相同組換えがどれほどのスケールなのか想像できるだろうか？　今，1冊の文庫本があるとする．文庫本の1文字を1塩基になぞらえると，1ページには640字入り，1冊400ページで25万6000字になる．つまり，マウスゲノム全長の約27億塩基対で換算すれば，細胞核は1万冊以上の図書館を抱えていることになる．この図書館の中から，例えば10 kbであれば，それに相当する約15ページの領域を見つけ出し，正確に差し替えるのである．実際の手順では，大量の細胞を使って遺伝子破壊の操作を行い，その中から期待するように遺伝子が破壊された（ターゲティングされた）細胞だけを選び出すことになる．そしてこの工程では，培養細胞より目的の細胞クローンを効率的に選抜するために，薬剤選択などの選抜マーカーが利用される．

10.2.2 標的遺伝子組換え（コンベンショナルノックアウト）

a. ターゲティングベクター（図10.3）

ノックアウト細胞を作製する上でのポイントは，ターゲティングベクターのデザインとES細胞のクオリティを損なわない培養・操作の2点につきる．相同組換えの確率はおよそ100万分の1と試算されているが，実際にはベクターのデザインや対象遺伝子の位置するゲノム領域の特性などにより大きく左右される．驚くほど相同組換えクローンが得られる場合もあるし，いくらやってもだめな場合もある．

ターゲティングベクターは，スクリーニングを念頭にデザインすることが重要である．とかく早く実験を進めることにとらわれ，スクリーニングの条件設定は

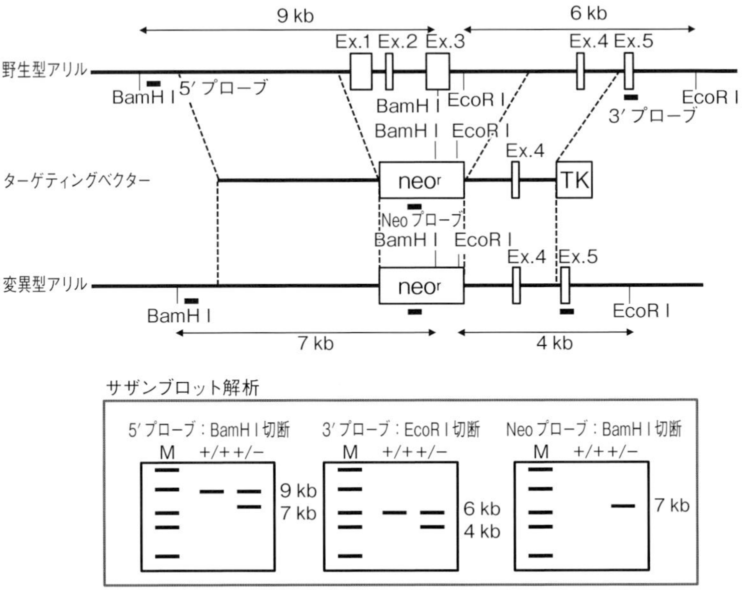

図 10.3　ターゲティングベクターの基本構造

後付けというケースがみられるが，結局はスクリーニングの段階で不要な時間と労力を消耗する事態に陥りがちである．ベクターのデザインでは，まず目的の遺伝子領域の配列情報を作成する．現在では，NCBI（National Center for Biotechnology Information）などのデータベースから容易に入手可能である．その際，使用するES細胞と同じ系統のゲノム情報を入手するようにする．

ベクターの作製には，BAC（bacterial artificial chromosome：バクテリア人工染色体）クローンが有用であり，BPRC（BACPAC Resources Center）などから購入できる．動物のゲノム情報をもとに制限酵素地図を作成し，置換する領域（翻訳開始コドンを含むエキソン上流領域や機能ドメイン領域など）と，その両側に位置する相同組換えをリードする領域（アーム）を設定する．相同組換えを効率的に誘導するために，両側の相同領域（アーム）の長さを合計 10 kb 程度確保する必要がある．また，スクリーニング工程でのサザンブロット解析のプローブの有効性を確認しなければならない．PCR 解析によるスクリーニングも可能であるが，ターゲティングベクターの特性上，片方のアームをまたぐ数 kb 以上の LA-PCR 条件の設定が必要となる．偽陽性も生じうることから適用には細心

表 10.1 ポジティブ選択・ネガティブ選択マーカー遺伝子

ポジティブ選択マーカー遺伝子	ネオマイシン	実際にはネオマイシン誘導体であるG418が用いられる．真核生物の80Sリボソームによるタンパク質の合成を阻害する，アミノグリコシド系抗生物質．
	ハイグロマイシンB	真核生物の80Sリボソームによるタンパク質の合成を阻害する，アミノグリコシド系抗生物質．
	ピューロマイシン	アミノ酸を担持したtRNAの代わりにリボソームに取り込まれ，合成・伸長してきたペプチドのC末端と反応し，それ以上伸長できなくさせることによりペプチドの合成を阻害する核酸系抗生物質．
ネガティブ選択マーカー遺伝子	ジフテリア毒素Aフラグメント（DT-A）	elongation factor IIをADPリボシル化し，タンパク質合成を阻害する．
	単純ヘルペスウイルスチミジンキナーゼ（HSV-tk）	ガンシクロビル（ganciclovir）などの核酸類似体をリン酸化することにより，DNA合成を阻害する．

の注意が必要であるが，サザンブロット解析を効率化させるための1次スクリーニングとしては極めて有効である．いずれにせよサザンブロット解析もPCR解析も机上の配列情報だけではなく，細胞で実際に確認することが肝要である．

さらにベクターデザインでは，相同組換え体の選択性を上げるために，ベクターの導入を表す薬剤選択マーカーの発現カセットを両アーム間に配置させる（ポジティブ選択）．ここでは，ネオマイシン（neo），ハイグロマイシン（hygro），ピューロマイシン（puro）などに対する耐性遺伝子が用いられる（**表10.1**）．さらに，相同領域であるアームの外側に，相同組換えではじき出されて除かれるがランダム挿入では残存し，細胞を死滅させるマーカー（ネガティブ選択マーカー）を配置することにより，相同組換え体の選択効率が数倍〜数十倍向上する．ネガティブ選択マーカーには，ジフテリア毒素Aフラグメント遺伝子（DT-A）や単純ヘルペスウイルスチミジンキナーゼ遺伝子（HSV-tk）などが汎用される（表10.1）．両側アーム，ポジティブ選択マーカー発現カセット，ネガティブ選択マーカー発現カセットを適切につなぐことにより，ターゲティングベクターは完成する．特に最近では，マーカー発現カセットがすでに配置され，マルチクローニングサイトに両アームを挿入するだけでターゲティングベクターが作製できるようなプラスミドも利用することができる．

b. 遺伝子導入および相同組換え体の選別

相同組換え体の選別では，薬剤選択培養が約1週間に及び，コロニーは通常よりはるかに大きくなる．また，スクリーニングのスケールとして100〜200個のクローンを取り違えることなく，かつ分化しないように扱わなければならないため，最も注意深く，根気よくやらなければならない作業である．

ES 細胞へのターゲティングベクターの導入は，エレクトロポレーション法によって行う．増殖期の ES 細胞を用いて単一細胞へと解離することが重要であり，細胞の解離が不十分だと導入効率の低下，複数のクローンが混じった混合コロニーの出現，コロニーの過剰発達による分化などを引き起こす原因となりうる．1 回のエレクトロポレーションで，$1 \sim 2 \times 10^7$ 個の ES 細胞へ導入する．薬剤選択マーカーの条件は，用いるプロモーターや薬剤耐性遺伝子にもよるので，必要であれば予備試験を行うとよい．1 週間頃になるとコロニーは白いスポットとして肉眼でも観察できるようになる．顕微鏡下で観察してコロニーがきれいに盛り上がり，辺縁部が分化して伸長していないコロニーを優先して選択する．

コロニーのピックアップから凍結ストック・解析用の検体の調製までの手順は実施者によって様々であるので，成書を参照するとともに実際に稼働している研究室で指導してもらうことが望ましい．十分に発達したコロニーであれば，コロニーをピックアップ後トリプシンで解離し，48〜24 ウェルのフィーダー細胞上に播種する．各クローンの増殖の度合いはばらばらであるので，拡大培養の際には取り違えを決して起こさないように細心の注意をもって取り扱う．拡大培養のなるべく早い段階で一部をマスタープレートとして凍結し，そのレプリカを解析用プレートとして必要なサイズまで増殖させる．

PCR 解析を適用する場合には，コロニーピックアップ後に一部を分取し，直ちに解析する．PCR スクリーニングで判定できれば，サザンブロット解析用の拡大培養のスケールを大幅に圧縮することができる．サザンブロット解析には $10\,\mu$g 程度のゲノム DNA を使用し，両アームの外側に配置したプローブと薬剤選択マーカーに対するプローブの 3 パターンで実施する．特に，タンデムに挿入されたクローンや非相同組換えクローンを排除し，野生型アリルと変異型アリルが均等のバンドで検出できるクローンを選別するようにする．相同組換えクローンは理論的には 1 つあればよいのだが，選別したクローンが十分な生殖系列キメラ形成能を維持しているかの確証はなく，また表現型の精度を確認するためにも，複数の ES 細胞クローンを選別し，最低でも 2 系統のノックアウト動物を作製することが望ましい．

10.2.3　条件付き標的遺伝子組換え（コンディショナルノックアウト）

遺伝子ターゲティング法によるノックアウト動物の作製では，①胎生致死の場

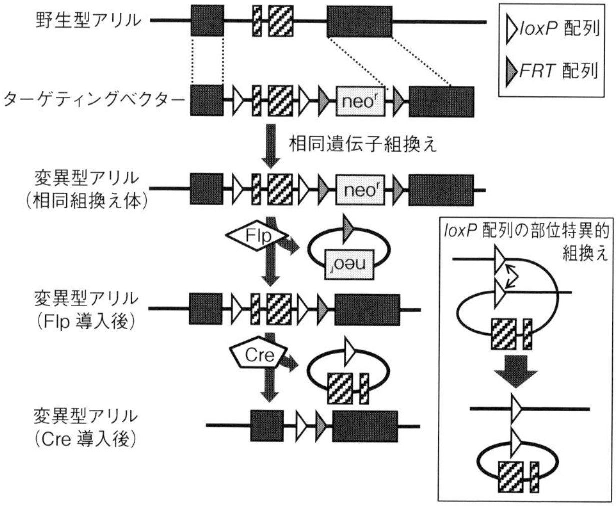

図 10.4 コンディショナルターゲティング法

合に成体での機能解析が困難である，②特定組織，特定時期での機能解析が困難である，などの課題が残っており，それに対応する様々な応用技術が考案・開発されている．

最も汎用されるのがコンディショナルターゲティング法と呼ばれる方法であり，その代表的な系として，Cre-*loxP* システムと Flp-*FRT* システムがある．前者はバクテリオファージ P1 の組換え酵素 Cre リコンビナーゼが *loxP* と呼ばれる 34 bp の塩基配列を特異的に認識し，2 か所の *loxP* 配列どうしで組換えを起こす現象を利用したものである[5)]．後者も同様に，分裂酵母がもつプラスミドの 1 つである 2μ プラスミドの複製に必要なリコンビナーゼである Flippase（Flp）が，*FRT*（Flippase recognition target）と呼ばれる 34 bp の塩基配列に対して特異的に組換えを起こす現象を利用している[6)]．これらのシステムのカギとなるのは，ある特定条件下でのみ遺伝子破壊が起こるような細工を施すことである．

最近では，Cre-*loxP* と Flp-*FRT* システムを組み合わせたタイプが普及している．基本的な構図の例を**図 10.4** に示す．ここではターゲティングベクターの両アームの間に，欠失させたい遺伝子断片や薬剤選択マーカー発現カセットの両側をそれぞれ挟むように *loxP* 配列，*FRT* 配列をそれぞれ同方向で配置して，相同組換えを起こしたES細胞を獲得する．この *loxP* 配列や *FRT* 配列を導入した細胞のことを floxed 細胞と呼ぶ．ES 細胞から欠失させたい遺伝子断片は *loxP* 配列が挿入されただけの形でとどまっており，標的遺伝子そのものには変化はない．しかし，付随する薬剤耐性マーカー遺伝子の発現が干渉する可能性があるため，この ES 細胞に対して Flp リコンビナーゼをウイルスベクターなどで一過的に発現させ，薬剤耐性マーカー発現カセットが取り除かれたものを獲得すれば，floxed 細胞では標的遺伝子は正常に機能する．ここでさらに Cre を発現させれば，*loxP* で挟まれた遺伝子断片が欠失し遺伝子をノックアウトすることができる．このようなシステムを用いたコンディショナルノックアウトマウスを作製する方法については，11 章を参照されたい．

10.3　遺伝子置換（ノックイン）

前述の手法を応用すれば，特定のアミノ酸を置換させるための点変異を導入したり，任意のゲノム領域に新たな遺伝子を導入することができる．このような操

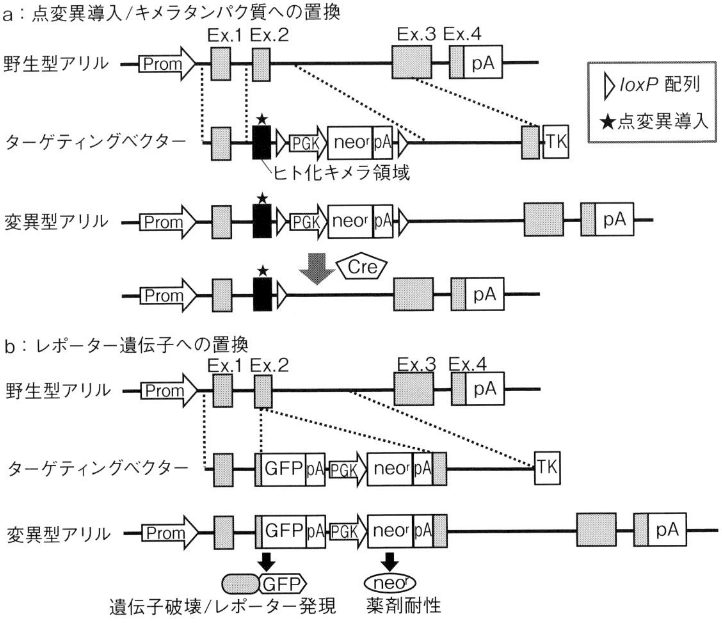

図 10.5　遺伝子置換

作をノックインという.

10.3.1 点変異の導入（図 10.5a）

部位特異的変異導入（site-directed mutagenesis）によって目的とする点変異を導入した領域を作製し，それを含んだ相同領域をアームとして，薬剤耐性遺伝子発現カセットを *loxP* 配列で挟み，イントロン中に配置したターゲティングベクターを作製する．通常の手順に従い，floxed ES 細胞クローンを選別する．さらに Cre を発現させ，余分な薬剤耐性遺伝子発現カセットを取り除くことにより，点変異を導入した ES 細胞クローンを選別する．

10.3.2 遺伝子置換（図 10.5a，b）

対象とする遺伝子の働きを正確に可視化するためには，単にその遺伝子のプロモーター・エンハンサーの下流にレポーター遺伝子をつないだ発現ベクターをランダムに組み込んで過剰発現させるよりも，内在性の発現制御領域下で対象とする遺伝子と置き換えた方がよい．β ガラクトシダーゼ（*lacZ*）や緑色蛍光タンパク質（GFP）などの遺伝子をノックインすれば，対象とする遺伝子の発現動態を可視化することができる．特に GFP の場合は，マウス個体や細胞を生きた状態で時間的・空間的に検出することが可能である．また，細胞外受容体領域や機能ドメインなどをヒト化した人工キメラタンパク質や（図 10.5a），対象とする遺伝子産物に GFP タンパク質をつないだ融合タンパク質に置き換えることもできる（図 10.5b）．

さらに，任意の遺伝子領域ではないが，ランダム挿入ではなくゲノム上の特定の場所に導入したいという場合には，*Rosa26* 遺伝子座が有効である．これはマウス第 6 染色体に存在するゲノム領域であり，ほぼすべての組織で発現する[7]．しかも，両アレルとも置換されても欠失による表現型を示さず，外来遺伝子が安定的に発現することなどの理由から，定位置への遺伝子導入という点では理想的な条件を備えている．

10.4 ジーントラップ

ジーントラップ法は，外来性遺伝子断片が宿主ゲノム内にランダムに挿入されたとき，宿主の遺伝子内に組み込まれるとその遺伝子が破壊されるのを利用し，

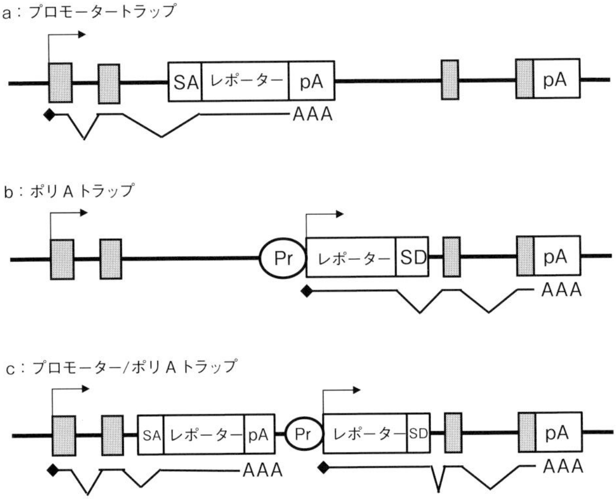

図 10.6　ジーントラップベクターの基本的な構成

ES 細胞に適用したものである．外来性遺伝子断片に様々な細工を施すことで，スクリーニングの効率化，破壊された遺伝子の発現時期や部位の特定，挿入位置の特定（＝破壊した遺伝子の同定），表現型の解析などを可能としている．

ジーントラップ法は，破壊された遺伝子を検出するためのトラップベクターの原理に基づき，プロモータートラップ法とポリ A トラップ法の 2 つに大別される[8)]（**図 10.6**）．プロモータートラップ法については，プロモーターをもたないレポーター遺伝子を導入したとき，レポーター遺伝子が宿主の遺伝子の発現調節領域の下に挿入されれば，その発現様式に依存して発現し検出される（図 10.6a）．レポーター遺伝子には，*lacZ* や GFP などが汎用される．また，*lacZ* 遺伝子と neo 耐性遺伝子の融合遺伝子（β-geo）を用いれば，薬剤選択と遺伝子発現を同時に行うことができる．さらに，エクソンに挿入された場合に起こりうるフレームシフトやイントロンに挿入された場合でも融合 mRNA として形成され，レポーター遺伝子が発現するように，レポーター遺伝子の前にスプライスアクセプター（SA）や IRES（internal ribosomal entry site）を配置するなどの改良も行われている．ただしプロモータートラップ法には，標的細胞（ES 細胞）中で発現していない遺伝子はレポーターが働かず，トラップできないという大きな欠点が存在する．

一方，ポリAトラップ法は，標的細胞における転写活性の有無にかかわらず，トラップした遺伝子を検出することができる（図10.6 b）．この方法では，レポーター遺伝子にポリA付加シグナル配列をもたないトラップベクターが宿主遺伝子内に挿入された場合，レポーター遺伝子の後にスプライスドナー（SD）を介してトラップした遺伝子のエクソンとポリAシグナルがつながった融合mRNAが，トラップベクターのプロモーターに依存して生成する．

いずれの方法においても，トラップされた宿主の遺伝子は，トラップベクターのDNA上の配列マーカーを利用してRACE法などにより挿入部位の遺伝子を同定することができる．そしてトラップベクターの挿入によって，多くの場合，挿入部位の遺伝子の機能を破壊していることが期待され，トラップされた遺伝子の機能を調べることができる．

ジーントラップ法の基本原理は単純なものであるが，より利便性の高いものとするためトラップベクターには様々な改良が施されている（一例として図10.6c）．現在では，より安定したトラップ効率やトラップした箇所を標的とした遺伝子置換が可能なベクターなどの開発も進んでいる[9)]．

10.5　遺伝子ノックダウン

RNA interference（RNAi）は，二本鎖RNA（dsRNA）が引き金となって，そのアンチセンス鎖と相補的な配列をもつmRNAが切断される機構である．1998年にFireら[10)]が線虫でRNAi現象を発見し，さらにこの機構を利用して標的タンパク質の抑制による遺伝子機能の解析が報告されると，ショウジョウバエをはじめとする様々な動物で直ちに実証され爆発的な発展を遂げた．

哺乳動物細胞では，dsRNAの導入により細胞内でインターフェロン応答が活性化しRNAiは機能しないかと思われたが，ショウジョウバエにおいて21～23 ntの短いdsRNA（short interfering RNA，siRNA）がインターフェロン応答を回避することが明らかとなり[11)]，哺乳動物細胞でも有効であることが示された[12)]．現在では，RNAiによる特異的遺伝子ノックダウンは哺乳動物細胞での遺伝子機能の解析ツールとして不可欠なものとなっている．さらに，短いヘアピン構造を形成するRNA（short hairpin RNA，shRNA）の発現ベクターの開発によってRNAi効果の持続が可能となり，哺乳動物個体での解析ツールとしても利用できるようになっている[13)]．

ノックダウン法では培養下でのスクリーニングの利点を生かし，shRNA 発現ベクターを導入した ES 細胞から期待する抑制効果を示すものを選抜して，その ES 細胞をもとにマウスを作製する．したがってノックダウンマウスは，RNAi による遺伝子治療のモデルとしても利用できるであろう[14,15]．また RNAi を用いた遺伝子ノックダウンにおけるアドバンテージとして，ベクターの基本構築と導入が簡便であることがあげられる．その結果，スプライシングバリアントの標的調節や，複数の遺伝子の発現を同時に抑制することも可能になるが，これはノックアウトやノックインでは相応の手間と時間のかかる作業である．

標的タンパク質を高率に抑制する配列のデザインについては，アルゴリズムに基づく解析ソフトウェアが数多く提供されている．一方で，Pol III プロモーターによるユビキタスな発現，オフターゲットの可能性，標的遺伝子による抑制効果のばらつき，抑制効果の組織差などの課題も残っている．shRNA の過剰な発現やベクター挿入部位の制御については，*Rosa26* 遺伝子座を利用することにより，ES 細胞中で既知の位置へシングルコピーの shRNA 発現ベクターを挿入する方法が報告されている[16]．時間的，空間的発現制御を目的とするコンディショナルノックダウンについては，Cre-*loxP* システムを応用したものや，microRNA 発現システムを利用したものがある[17]．前者については，shRNA 発現ベクターの Pol III プロモーター内や shRNA のヒンジ部分のステムループ領域に *loxP* 配列で挟み込んだ形で，薬剤耐性遺伝子などの介在配列を挿入したものを ES 細胞へ導入する．この場合，介在配列が邪魔をして shRNA は合成されず，この細胞に Cre 遺伝子を発現させることにより適切な構造へ変換し RNAi を誘導する．後者は，Pol II 系プロモーターや Tet 誘導システムなどでターゲットの RNAi 配列を含む miRNA を発現させ，内在性の miRNA 経路を利用して遺伝子を抑制するシステムである．

10.6 遺伝子改変 ES 細胞の共同利用

マウスゲノムの解読は，網羅的ノックアウトによる全遺伝子の機能の解析というポストゲノムプロジェクトへと継承され，2006 年より稼働を始めたヨーロッパの EUCOMM（European Conditional Mouse Mutagenesis Program），アメリカの KOMP （Knockout Mouse Project）と TIGM（Texas A&M Institute for Genomic Medicine），カナダの NorCOMM （North American Conditional

Mouse Mutagenesis Program）により，国際ノックアウトマウスコンソーシアム（International Knockout Mouse Consortium，IKMC）が展開されている（http://www.knockoutmouse.org/）．このIKMCでは有償で研究者へのノックアウトES細胞の提供を行っており，HPより入手することが可能である．2013年9月現在，遺伝子ターゲティングにより18105遺伝子の変異ESクローンと2561遺伝子の変異マウス系統，ジーントラップにより18405遺伝子の変異ESクローンと160遺伝子の変異マウス系統が作製，登録されている．そして2011年からは，IKMCの構想はさらに世界規模へと拡大し，日本を含む世界の主要な機関が参画する国際マウス表現型解析コンソーシアム（International Mouse Phenotyping Consortium，IMPC）へと移行している（http://www.mousephenotype.org/）．IMPCは，網羅的な表現型解析の結果をデータベース化し，世界中の研究者がその情報とマウスを利用できるようにするものである．

［三谷　匡］

文　献

1) Holliday, R.：*Genet. Res.*, **5**, 282-304（1964）.
2) Stahl, F. W.：*Genetics*, **138**, 241-246（1994）.
3) Thomas, K. R. and Capecchi, M. R.：*Cell*, **51**, 503-512（1987）.
4) Doetschman, T. et al.：*Nature*, **330**, 576-578（1987）.
5) Gu, H. et al.：*Science*, **265**, 103-106（1994）.
6) Dymecki, S. M.：*Proc. Natl. Acad. Sci. U S A*, **93**, 6191-6196（1996）.
7) Zambrowicz, B. P. et al.：*Proc. Natl. Acad. Sci. U S A*, **94**, 3789-3794（1997）.
8) Carlson, C. M. and Largaespada, D. A.：*Nat. Rev. Genet.*, **6**, 568-580（2005）.
9) Friedel, R. H. and Soriano, P.：*Meth. Enzymol.*, **477**, 243-269（2010）.
10) Fire, A. et al.：*Nature*, **391**, 806-811（1998）.
11) Elbashir, S. M. et al.：*Genes Dev.*, **15**, 188-200（2001）.
12) Elbashir, S. M. et al.：*Nature*, **411**, 494-498（2001）.
13) Brummelkamp, T. R. et al.：*Science*, **296**, 550-553（2002）.
14) Saito, Y. et al.：*J. Biol. Chem.*, **280**, 42826-42830（2005）.
15) Mitani, T. and Yokota, T.：*J. Mamm. Ova Res.*, **22**, 139-151（2005）.
16) Seibler, J. et al.：*Nucleic Acids Res.*, **33**, e67（2005）
17) Wiznerowicz, M. et al.：*Nat. Methods*, **3**, 682-688（2006）.

11

遺伝子ノックアウト動物の作製

動物が本来もっている遺伝子の機能を1つ以上破壊し，特定の機能を欠損させた動物を遺伝子ノックアウト動物（gene knockout animal）と呼び，knockoutからKO動物と表記する．KO動物は通常は1つの遺伝子を破壊されるが，2つあるいは3つの遺伝子を同時に破壊された動物は，それぞれダブルKO動物，トリプルKO動物と呼ばれる．また，特定の時期や特定の組織のみで遺伝子機能を欠損するように工夫された動物は，コンディショナルKO動物と呼ばれる．現在までに作製されたKO動物は大部分がマウスであり，家畜などの大動物の例はごくわずかであるが，近年新しいKO動物作製法が開発され，今後は家畜も含めて手軽にKO動物が作製できるようになると考えられる．本章では，これらの種々のKO動物作製法について，マウスを中心に特徴と現状を概説する．

11.1 KO動物作製法の種類

KO動物の作製は，大きく2つの段階に分けて考えることができる．すなわち，第1段階は特定の遺伝子の機能を破壊した細胞をつくること，第2段階はその細胞を用いて動物をつくることである（**図11.1**）．特定の遺伝子の機能を破壊

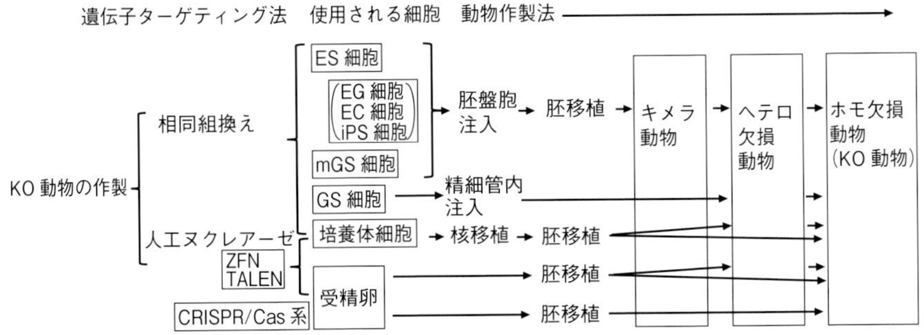

図11.1 現在用いられているKO動物作製法の種類と一般的な手順

するためには，その遺伝子を標的（target）として遺伝子操作を行う必要があり，これを遺伝子ターゲティング（gene targeting）と呼ぶ．その方法として，従来からある遺伝子の相同組換えを利用する方法と，近年開発された人工ヌクレアーゼ（artificial nuclease）を利用する方法が現在行われている．

遺伝子ターゲティングの対象となる細胞は，それを用いて動物をつくることができなければならない．この特徴をもつ細胞としてはまず受精卵があげられるが，一度に操作できる数に限界があるため，大量に操作する必要がある場合は，この特徴をもった培養細胞が用いられる．これまで作製されたKO動物の多くは，初期胚とキメラを形成してあらゆる体細胞へ分化できる胚性幹（ES）細胞が利用されてきた．この他に，ES細胞と類似の特徴をもつ多能性生殖幹（multipotent germline stem, mGS）細胞や，人工多能性幹（iPS）細胞，培養系で維持できる生殖幹細胞であるGS細胞も利用できる．ES細胞の詳細については12章，iPS細胞については13章を参照してほしい．

さらに1997年，未受精卵と体細胞の核を入れ替えて作製した哺乳類卵からクローン動物の作製が可能であることが明らかとなった[1)]．これにより，細胞種の制限はあるものの，原理的には培養体細胞が使えることになり，実際に利用されるようになっている．現在用いられているKO動物作製法の種類と一般的手法については図11.1にまとめた．

11.2　相同組換えを利用した遺伝子ターゲティング

10章で詳しく述べられている通り，DNAが似た配列どうしの間で組換えを起こすという性質を利用して，標的とした部位に遺伝子を導入する．しかし効率が極めて低いため，受精卵を用いて行うことは不可能であり，一般にこの方法は大量の細胞を一度に扱える培養細胞に対して用いられる．

ES細胞を用いて相同組換えにより遺伝子を改変する方法の詳細は10章を参照してほしい．他の培養細胞を用いる場合でも，ES細胞に準じて遺伝子改変を行う．ただし株化されていない体細胞では分裂回数に限界があるので，判定を早めに行う必要がある．若い個体の細胞ほど分裂回数が多いので，通常は胎児の線維芽細胞が用いられ，その場合，ヒトでは約50回，ウシでは約30回の分裂で老化（senescence）に達し，それ以上分裂しなくなるので注意が必要である．

11.3 ES細胞を用いたKO動物の作製

11.3.1 ES細胞を用いたキメラ個体の作製

遺伝子ターゲティングが成功したES細胞が得られれば，これを用いて動物の作製にとりかかることができる．ES細胞は胎盤へは分化しないので，ES細胞由来の胎児を妊娠するためには，別の胚とのキメラを作製し，胎盤を借りる必要がある．このとき使用する胚は，生まれた個体へのES細胞の寄与率を判定できるよう，ES細胞の系統と異なる毛色のものを選ぶのが一般的である．

キメラ動物の作製には，胚と胚，あるいは胚と細胞を物理的に接触させる集合法と，顕微操作によりガラス針で胚に細胞を注入する注入法がある．ES細胞はどちらの方法も利用できるが，集合法では一般にES細胞の寄与率が低く，多くは胚盤胞腔へES細胞を注入する方法が用いられている．さらにES細胞の寄与率を高めるため，マウスでは，胎盤は正常に形成されるが胚は致死となる四倍体胚を用いた四倍体胚補完法（tetraploid complementation）という方法も報告されている[2)]．

11.3.2 キメラ個体を用いたKO動物の作製

キメラ個体のマウスが生まれたら，これを野生型のマウスと交配し，ES細胞由来の生殖細胞から生まれた2世代目の子を選別する．アグーチ色のマウス系統のES細胞を使用すれば，白色や黒色より優性なので，毛色でES細胞由来かを判定できる．せっかくキメラ個体が生まれてもES細胞が生殖細胞に分化していなければ，ES細胞の遺伝子は次世代に伝わらず，KOマウスは作製できない．ES細胞の寄与率を高める必要があるのはそのためである．なお，通常ES細胞の遺伝子ターゲティングは2本ある相同染色体の一方のみに起こっている．これをモノアレリック（monoallelic）と表現し，両方の相同染色体に起こった場合をバイアレリック（biallelic）と表現する．相同組換えは一般にモノアレリックに起こり，キメラ動物作製にそのようなES細胞を用いた場合，ES細胞由来の個体の半数は正常な遺伝子をもっているので，ターゲティングされた方の染色体をもつ個体を選ぶ必要がある．

この2世代目のヘテロ個体どうしを交配すれば，メンデルの分離法則により3世代目の1/4はKOマウスになると期待される．1世代目のキメラ個体のES細

表 11.1 主な遺伝子改変動物の報告

動物種	改変遺伝子等	備考	文献
●幹細胞を用いたノックアウト動物			
マウス	*c-abl*	ES 細胞による哺乳類初の KO 動物	Schwartzberg et al. (1989)
マウス	DNA ポリメラーゼβ	ES 細胞によるコンディショナル KO 動物	Gu et al. (1994)
マウス	occludin	ES 細胞以外の幹細胞(mGS 細胞)による KO 動物	Takehashi et al. (2007)
マウス	occludin	GS 細胞の精細管注入・交配による KO 動物	Kanatsu-Shinohara et al. (2006)
ラット	p53	マウス以外の ES 細胞による KO 動物	Tong et al. (2010)
●体細胞核移植を用いた遺伝子改変動物			
ヒツジ	α1-プロコラーゲン	モノアレリック欠損	McCreath et al. (2000)
ブタ	α1-3GT*	モノアレリック欠損	Lai et al. (2002); Dai et al. (2002)
ウシ	α1-3GT*	モノアレリック欠損	Sendai et al. (2003)
ウシ	α1-3GT*	バイアレリック欠損(KO 動物)	Sendai et al. (2006)
ウシ	プリオン	バイアレリック欠損(KO 動物)	Richt et al. (2007)
●人工ヌクレアーゼを用いた遺伝子改変動物			
◆ ZFN			
ショウジョウバエ	*Yellow*	初の KO 動物	Bibikova et al. (2002)
ショウジョウバエ	*Yellow*	初の KI 動物	Bibikova et al. (2003)
ゼブラフィッシュ	*Kdr, nlt*	脊椎動物初の KO 動物	Meng et al. (2008); Doyon et al. (2008)
ラット	*IgM, Rab38*	哺乳動物初の KO 動物	Geurts et al. (2009)
マウス	*Rosa26*	哺乳動物初の KI 動物	Meyer et al. (2010)
ラット	*Mdr1a, PXR*	ラットの KI 動物	Cui et al. (2011)
ウサギ	*IgM*	ウサギの KO 動物と KI 動物	Flisikowska et al. (2011)
ウシ	β-ラクトグロブリン	体細胞核移植による KO 動物	Yu et al. (2011)
ブタ	α1-3GT*	体細胞核移植による KO 動物	Hauschild et al. (2011)
ブタ	RELA	家畜で初の受精卵を用いた KO 動物	Lillico et al. (2013)
◆ TALEN			
ラット	*IgM*	哺乳動物初の KO 動物	Tesson et al. (2011)
マウス	*Pibf1*	マウスの KO 動物	Sung et al. (2013)
ブタ	LDL レセプター	体細胞核移植による KO 動物	Carlson et al. (2012)
ブタ	RELA	家畜で初の受精卵を用いた KO 動物	Lillico et al. (2013)
◆ CRISPR			
マウス	EGFP (外因性)	哺乳類初の KO 動物(モノアレリック)	Shen et al. (2013)
マウス	*Tet1* + *Tet2*	初のダブル KO 動物	Wang et al. (2013)
ラット	*Tet1* + *Tet2* + *Tet3*	初の 3 遺伝子変異動物	Li et al. (2013)
ゼブラフィッシュ	EGFP(外因性) + *tyr* + *golden* + *mitfa* + *ddx19*	初のクインタプル KO 動物	Jao et al. (2013)
線虫	*dyp-5*	初のコンディショナル KO 動物	Cheng et al. (2013)
マウス	*Mecp2*	初の floxed 動物	Yang et al. (2013)
マウス	*B2m* + *Il2rg* + *Prf1* + *Prkdc* + *Rag1*	哺乳類初のクインタプル KO 動物	Zhou et al. (2013)

*：α1-3 ガラクトシルトランスフェラーゼ.

胞の寄与率が低い場合には，2 世代目に目的のヘテロ個体を雌雄 1 匹ずつ得るのが難しく，ヘテロ個体をいったん野生型と交配して 3 世代目をつくることもある．すると半数は目的の改変された遺伝子をもつヘテロ個体になるので，確実に雌雄 1 匹以上いることになり，4 世代目に KO マウスが生まれることになる．

この方法により，1989 年に世界初の KO マウスが作製された（**表 11.1**）．現在，生殖細胞に分化できる ES 細胞はマウスとラットのみに存在し，他の動物種で得られている ES 様細胞は生殖細胞への分化は確認されていないため，用いることができない．

11.4　ES 細胞以外の培養細胞を用いた KO 動物の作製

ES 細胞と同様に，受精卵とキメラを形成してあらゆる体細胞へ分化できる幹細胞として，奇形腫由来の胚性腫瘍（EC）細胞，始原生殖細胞由来の胚性生殖（EG）細胞，生殖幹細胞由来の mGS 細胞，iPS 細胞などが知られている．これらの細胞が生殖細胞に分化できれば，原理的には ES 細胞と同様の方法で KO 動物が作製できるはずである．しかし，EC 細胞，EG 細胞，mGS 細胞はこれまでマウスのみでの報告であり，これらの細胞を用いて KO 動物を作製した報告例は mGS 細胞のみである（表 11.1）．iPS 細胞はマウス以外にもいくつかの動物種で作製されているが，再生医療方面への応用研究が盛んであり，未だに iPS 細胞を用いた KO 動物作製の報告はない．

マウスでは培養系で維持できる GS 細胞が単離されており，精巣の精細管内へ移植することにより精子を形成できる．したがって，ES 細胞と同様の方法で遺伝子ターゲティングを行い精細管内へ移植すれば，胚移植の技術を使わず交配を介して KO 動物を作製できる．またキメラ形成を介さないので，KO 動物作製までに 1 世代少なくてすむ（図 11.1 参照）．この方法により，KO マウスが報告されている（表 11.1）．

マウス以外の哺乳類では，生殖細胞に分化することが確認された幹細胞が得られていないことに加え，1 世代のライフサイクルが長いため，世代を重ねる方法は実施が困難である．そこで体細胞核移植の方法が使われているのだが，その詳細については 14 章を参照してほしい．この方法では ES 細胞の場合と異なり，移植する核のゲノムがそのまま生まれてくる子のゲノムとなるため，移植する側で遺伝子をバイアレリックに破棄しておけば 1 世代目に KO 動物が生まれる．

ただし，体細胞はES細胞と比較して相同組換えが起こりにくい上，分裂回数に制限があるため，遺伝子ターゲティングには困難を伴う．加えて，体細胞核移植の操作には相当の技術を要し，また成功率も非常に低い．そのため，この方法を用いた遺伝子改変動物の報告は少なく，初期の報告はいずれもモノアレリックでありKO動物ではない．体細胞核移植によるKO動物の例としては，2006, 2007年にKOウシが報告されている（表11.1参照）．

11.5　人工ヌクレアーゼを用いた遺伝子ターゲティング

DNAは，一方の鎖が切断された場合，他方の鎖を鋳型として修復され正常に戻る．しかし二重鎖切断を導入すると，非相同末端結合（non-homologous end joining, NHEJ）という機構により修復され，変異が入ることが多く遺伝子を破壊することができる．加えて，DNAに二重鎖切断が入ると相同組換えの効率が格段に上昇するので，切断部位近隣の相同配列を両端にもつDNA断片を同時に導入すると，ノックインを行うこともできる（**図11.2**）．DNAに二重鎖切断を導入するために，DNA認識配列とDNA切断酵素を利用して人為的に合成した制限酵素を人工ヌクレアーゼと呼び，現在までにジンクフィンガーヌクレアーゼ（zinc-finger nuclease, ZFN），TALEN（transcription activator-like（TAL）effector nuclease），CRISPR（clustered regularly interspaced short palindromic repeats）/Cas（CRISPR accosiated）系の3種類が報告されている．

11.5.1　ZFN

ZFNは，3塩基のDNAを認識する種々のC_2H_2クラスのジンクフィンガー（ZF）を複数連結したDNA結合モチーフと，DNA切断酵素であるFokIヌクレアーゼを連結し，目的の配列を切断するよう設計された人工ヌクレアーゼである．C_2H_2クラスのZFは約30アミノ酸よりなり，DNA認識部位の7アミノ酸の種類により種々の3塩基を認識する．これまでに報告されたZFは，認識配列がGNNの場合は比較的親和性が高いが，ANNとCNNでは親和性の低いものが多く，TNNでは親和性をもつものがほとんど報告されていない[3)]．そのため，ZFNの作製にはできるだけGNNが連続しTNNがない部位を選ぶ必要があり，標的部位の制約がある．

FokIヌクレアーゼは二量体で機能するため，切断部位の右と左に6塩基のス

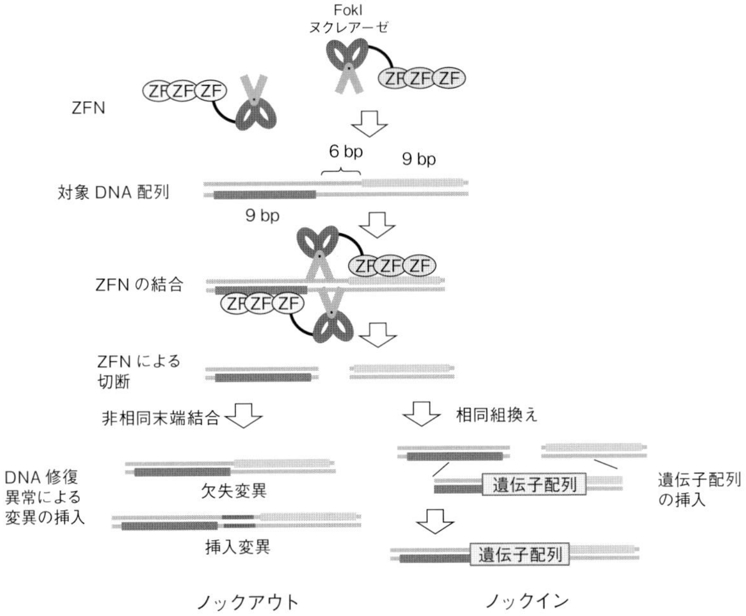

図 11.2　ZFN によるノックアウトとノックインの概要

ペーサーを挟んで 2 つの ZFN を作製し，セットで DNA の二重鎖切断を行う．そのため，両者の ZF 数が 3 個であれば 18 塩基を認識することになる（図 11.2）．この ZFN の発現ベクターのセット，あるいは in vitro で合成した mRNA を細胞に導入して ZFN を発現させ，遺伝子ターゲティングを行う．FokI ヌクレアーゼは約 200 アミノ酸なので，ZF を 3 個連結した ZFN の場合，mRNA ではポリ A 配列まで含めおよそ 1000 塩基となる．

従来は作製に費用と時間・労力がかかるという問題があったが，近年はわずか 3 日で非常に安価に自由な配列と長さの ZFN が合成できる OLTA 法が開発されている[4]．しかし，ZF は対象とする 3 塩基の種類によって DNA との結合力に差がある上，前後の ZF によって結合力が影響され，必ずしも効果が安定せず作用効率が十分とはいえない．筆者らの実験例では，マウスの受精卵に ZFN を注入して，翌日に遺伝子ターゲティングが起こる率は 10% 程度である．さらに ZFN には，標的とする配列以外の部位を切断してしまう，いわゆるオフターゲット作用と呼ばれる毒性があるため，特異性を高める工夫も必要である．

11.5.2 TALEN

TAL effector は，植物病原体の *Xsanthomonas* 属によって産生される毒性因子の一種で，宿主植物に対して発病関連遺伝子の特異的プロモーターに結合し，発現を変化させる転写制御因子である．このタンパク質は，33〜34 アミノ酸からなる配列が，多くは 17〜18 回反復した構造をしており，各リピート配列の 12 番目と 13 番目の 2 アミノ酸が 1 塩基を認識する．この TAL effecor に，ZFN と同様に FokI ヌクレアーゼを結合させたものが TALEN である（**図 11.3**）．DNA 認識リピート配列の反復回数には特に制限はなく，十数回のものから 30 回近くのものまで作製されている[5]．FokI ヌクレアーゼは二量体で働くので，ZFN と同様に TALEN も 2 つセットで機能を発揮する．

TALEN には ZFN のような前後関係による機能の変化がなく，効率が比較的安定しており，オフターゲットの毒性も低く，標的配列選択の制約がないといった利点もある．ただし G（グアニン）に対しては親和性がやや低いため，多い部分は避けた方がよい．また難点としては，1 塩基を認識するのに 33〜34 アミノ酸が必要であり，同じ長さの配列を認識するための分子量が ZFN の約 4 倍になる上，ほとんど同じ配列の繰り返しなのでベクターの合成が難しいことがあげられる．

TAL effector を人工ヌクレアーゼに利用する研究は 2007 年から開始されたばかりで，機能特性や効率についてはまだ十分なデータは得られていない．しかし ZFN よりは効率が高く，TALEN 導入細胞の約半数に変異が導入され，一部の細胞はバイアレリックに変異が入ることが報告されている[6]．

11.5.3 CRISPR/Cas 系

細菌や古細菌は，ウイルスなどの外来の核酸を分解に導く CRISPR/Cas 系と呼ばれる適応免疫系をもっている．この CRISPR/Cas 系では，標的とする核酸配列に CRISPR RNA（crRNA）と呼ばれる短い非コード RNA が結合し，crRNA に結合する trans-activating crRNA（tracrRNA）を介して Cas9 ヌクレアーゼが標的配列にリクルートされ，DNA に二重鎖切断を導入する．

CRISPR/Cas 系を真核細胞のゲノム改変に応用した研究として，ヒトやマウスの培養細胞を用いたものが 2013 年に報告されている[7,8]．これらの報告では，本来の CRISPR/Cas 系ではなく，crRNA と tracrRNA を最初からつなげた 1 分

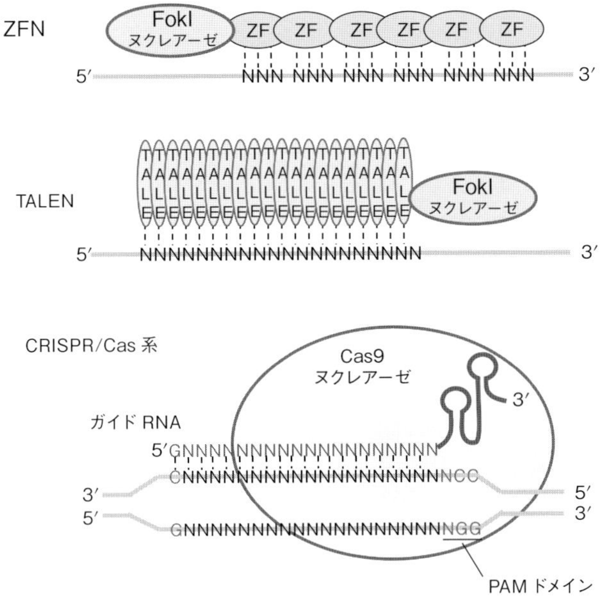

図 11.3　ZFN，TALEN，CRISPR/Cas 系の標的認識

子のガイド RNA として発現させ，これと Cas9 の 2 つの分子で DNA に切断を導入している（図 11.3）．ZFN と TALEN は標的配列を認識する分子がタンパク質なのに対し，CRISPR/Cas 系では RNA が認識分子である点，またヌクレアーゼが FokI ではなく Cas9 であり，二量体を形成せずに DNA 二重鎖切断活性をもつ点が大きく異なる．

ガイド RNA によって認識される DNA の標的配列は，5′ 末が G で開始する約 20 塩基であり，さらに 3′ 側に続く 3 塩基の配列が NGG となる必要がある．この NGG 配列を PAM ドメインと呼び，ガイド RNA の認識配列には含まれないが，Cas9 がガイド RNA を認識して結合するために必要な配列と考えられている．認識配列は 20 塩基に限定する必要はなく，十数塩基から 30 塩基程度まで可能である．したがって GG という配列さえあれば標的配列にでき，ほとんど制約はないといってよい．ガイド RNA は，これに Cas9 によって認識される高次構造をもった約 80 塩基が続く，全長約 100 塩基ほどの短い RNA である．個々のガイド RNA は認識配列のみが異なるので，ベクター作製においては，認識配列の約 20 塩基の部分だけを合成して残りをつなげるだけですむ．したがって，ガイドRNAの作製はZFNやTALENと比較し各段に簡単である．一方，Cas9は約1400アミノ酸よりなる大きなタンパク質で，真核細胞では核内で働かせるための核内移行シグナルを付加する必要がある．発現を高めるためのポリA配列も含めると，mRNAで注入する場合には4500塩基近くになり，扱いには技術を要する．なお，ガイドRNAが実際に結合するのは標的配列の相補鎖の方である(図11.3)．

CRISPR/Cas系の特筆すべき点は，その効率の高さである．筆者らの研究室ではCRISPR/Cas系をマウス受精卵に用いて種々の配列に対する遺伝子改変を行っているが，多くの場合で効率が極めて100%に近く，しかも極めて高率にバイアレリックに変異を導入できることがわかっている[9)]．さらに，ZFNとTALENはDNA認識部位とDNA切断酵素が同一の分子であるため，認識効率を高める目的で濃度を高めると酵素活性も高くなりオフターゲット率が上昇してしまう．一方でCRISPR/Cas系では，DNA認識配列は短いRNAで酵素と独立しているため，酵素活性を低く抑え，ガイドRNAの濃度を極めて高くすることが可能である．実際，標的配列の認識効率はガイドRNAの濃度と関連するのに対し，オフターゲットの毒性はCas9の濃度と相関することが示されており，Cas9の濃度を適切に保つことにより，大部分のオフターゲットを防ぐことができる．この特性は，後に述べるダブルKO動物，トリプルKO動物の作製において，最大限に発揮される．

11.6 人工ヌクレアーゼを用いたKO動物の作製

人工ヌクレアーゼは，培養細胞と受精卵のいずれにも使用できる．どちらを使用するかは，胚移植による個体の得やすさと，交配による次世代の得やすさに依存する．すなわち，一般にZFNでの遺伝子破壊は導入細胞のすべてではなく，しかもモノアレリックが大部分であって，受精卵を使用した場合に生まれるのは標的遺伝子をヘテロに欠損した遺伝子ターゲティング動物である．したがって，雌雄それぞれ1個体以上が必要で，それを交配して4個体に1個体がKO動物となる．この操作は実験動物では容易であるが，家畜などの大動物では大きな制約となる．

人工ヌクレアーゼを用いたKO動物の作製の主な報告（表11.1参照）としては，ZFNの研究が1990年代半ばから行われ，KO動物が2002年にショウジョウバエで初めて報告されている．脊椎動物では2008年のゼブラフィッシュが最初で，2009年以降，哺乳類でも成功例が報告されている．さらに，ZFNによるDNAの二重鎖切断と相同組換えを併用したノックイン動物の作製も行われており，マウスで2010年，ラット，ウサギで2011年に成功例が報告された．これらの実験動物の報告では受精卵にZFNを作用させたのに対し，ウシやブタでは培養した体細胞にZFNを作用させ，バイアレリックに遺伝子ターゲティングされた細胞をつくり，核移植によってどちらも2011年にKO個体が作製されている．TALENの場合も，実験動物では受精卵に発現させることで2011年に初めてKO動物の成功例が報告されたが，ブタでは体細胞核移植により2012年にKO個体が得られている．なお，2013年には体細胞核移植を介さず，受精卵にZFN, TALENを直接作用させてブタでKO動物が作成されたが，その注入卵に対する効率は1%程度であった．

これに対しCRISPR/Cas系では，極めて高率にバイアレリックの遺伝子ターゲティングが可能で，マウス，ラット，ゼブラフィッシュの受精卵を用いてKO動物が高率に作製されている．いまだ報告例はないが，ウシやブタの受精卵に直接発現させてもかなりの高率で直接KO動物が生まれてくると考えられ，高度な技術を要する体細胞核移植を介さずに家畜のKO動物が作製できるようになると期待される．

11.7 コンディショナルKO動物の作製

発生に必須な遺伝子を欠損させると，胎子期に死んでしまい出生後の遺伝子機能を調べられない．また発生初期から遺伝子が欠損すると，動物は通常では起こり得ないような代償性の機構を発揮し，本来の異常が現れないことがしばしば起こる．さらに全身性の遺伝子欠損は反応が複雑になり，特定の組織に対する機能を調べることは困難である．そこで，特定の時期や組織に特異的に遺伝子を欠損させるコンディショナルKOと呼ばれる方法が必要とされている．

11.7.1 ES細胞を用いたコンディショナルKO動物の作製

用いるES細胞の遺伝子改変については10章を参照してほしい．現在コンディショナルKO動物は，哺乳類ではマウスのみで報告されている（表11.1参照）．まずfloxES細胞を用いて，通常のKO動物作製と同様の方法でfloxedマウスを作製し，これとは別に組織特異的，時期特異に発現するプロモーターや，誘導性プロモーターの下流に Cre をつないだ遺伝子で Tg 動物を作製する．さらに両者を交配して flox の遺伝子と Cre の両遺伝子をもつ動物が得られれば，コンディショナル KO 動物となる．ただし，floxed マウスと Cre の Tg マウスをそのまま交配すると flox はヘテロ接合になってしまうので，交配方法に工夫が必要であり，一端ヘテロ接合体の flox の遺伝子と Cre 遺伝子をもつマウスを作製した後，これに floxed マウスを交配する必要がある．

11.7.2　人工ヌクレアーゼを用いたコンディショナル KO 動物の作製

近年人工ヌクレアーゼが開発されたため，コンディショナル KO 動物作製も変化する可能性がある．ZFN は効率が低くオフターゲット作用もあるためコンディショナル KO 作製には向かないが，TALEN や CRISPR/Cas 系は高率に，しかも 2 本の相同染色体の両方に変異が入る確率が高いので，これを組織特異的，時期特異に発現するプロモーターや，誘導性プロモーターの下流で発現させれば，コンディショナル KO 動物を作製できる．2013 年には，線虫で組織特異的プロモーター，および誘導性プロモーターの下流につなげた TALEN の Tg 個体が作製され，コンディショナル KO に成功している（表 11.1 参照）．哺乳類では受精卵に CRISPR/Cas 系を用いて *loxP* をバイアレリックにノックインした floxed マウスが作製されているが（表 11.1 参照），TALEN や CRISPR/Cas 系自体を特異的に発現させる手法によるコンディショナル KO 動物作製の報告はまだなく，現在精力的に研究されている．

11.8　ダブル KO 動物，トリプル KO 動物の作製

哺乳類の遺伝子には，相同性が高く類似の機能をもつ遺伝子ファミリーが複数存在している場合が多く，単一の遺伝子を KO しても他のファミリー遺伝子が補償し，機能の異常が現れないことがある．その場合にはファミリー遺伝子の複数を KO する必要があり，ダブル KO 動物，トリプル KO 動物，マルチプル KO 動物などの作製が要求される．

11.8.1　交配を用いる方法

遺伝子 *A* と遺伝子 *B* のダブル KO 動物をつくる場合，それぞれの単一遺伝子

の KO 動物が存在する場合には，マウスであれば交配させるのが最も簡単で一般的な方法である．すなわち，A の KO 動物と B の KO 動物を交配すれば，生まれてくるのはすべて A と B の遺伝子がそれぞれヘテロ欠損した個体である．また A と B が別々の染色体に乗っている場合，あるいは十分に離れて連鎖している場合には，この動物どうしを交配すれば，メンデルの独立の法則に従って 9：3：3：1 の割合で，正常：A の KO 動物：B の KO 動物：A と B のダブル KO 動物が生まれる（**図 11.4A**）．つまり，ダブル KO 動物は 2 世代後に 1/16 の確率で生まれてくることになる．さらにトリプル KO 動物を作製する場合には，まずダブル KO 動物を作製し，これにもう 1 つの遺伝子の KO 動物を掛け合わせると，連鎖がなければその 2 世代後に 1/64 の確率で生まれてくる．

2 つの遺伝子が近くに連鎖している場合には方法が異なる．一般に 2 つの遺伝子の物理的距離が 100 万塩基（1 Mbp）離れていると，減数分裂での組換え率は

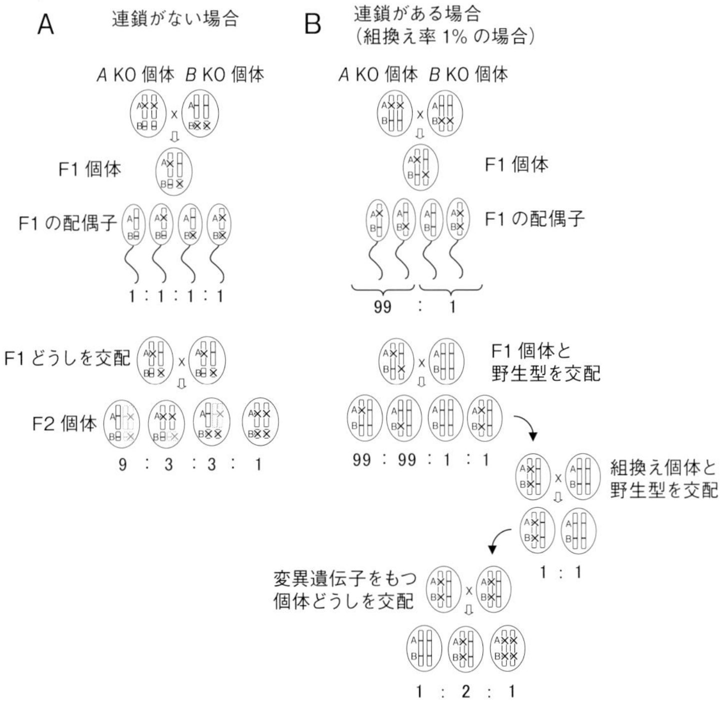

図 11.4　交配を用いたダブル KO 動物の作製

約1%であるとされる．この場合，A と B のヘテロ接合の動物どうしを交配しても，両者に組換えが起こらない限り A と B のダブル KO 動物は生まれず，その確率は4万分の1となるため前述の方法は現実的ではない．そこで，いったん A と B のヘテロ欠損動物と野生型個体を交配すると，生まれてくるのは大部分が A だけか B だけのヘテロ欠損動物となるが，200個体に1個体の割合で A と B の両者のヘテロ欠損動物が生まれる．これをもう一度野生型と交配すれば半数は A と B の両者のヘテロ欠損動物となり，それどうしを交配すると1/4の確率で A と B のダブル KO 動物が生まれる（図11.4B）．この方法では4世代かかることになるが，マウスであれば実行可能である．

11.8.2　相同組換えを用いる方法

2つの遺伝子のそれぞれの KO 動物が存在しない場合，あるいは2つの遺伝子が近すぎて組換え率が極めて低い場合には，交配ではダブル KO 動物を作製できない．この場合には培養細胞を用い，相同組換えにより両者の遺伝子がターゲティングされた細胞をつくる．すなわち，まず一方の遺伝子をターゲティングした細胞をつくり，これを用いてもう一方の遺伝子をターゲティングする．その細胞を用いて動物個体をつくり，交配すればダブル KO 動物を得ることができる．

11.8.3　人工ヌクレアーゼを用いる方法

異なる標的部位に対する複数の人工ヌクレアーゼを同時に細胞に作用させることで，一度に複数の遺伝子を破壊することができ，特に CRISPR/Cas 系は有用である．ZFN と TALEN は1つの標的に対し2つの分子が必要なので，ダブル KO やトリプル KO ではそれぞれ4種類，6種類の分子を発現させる必要があるが，DNA 認識部位と切断部位が同一分子に存在するため，DNA 切断活性も高まりオフターゲットの毒性が上昇してしまう．一方 CRISPR/Cas 系は，DNA 認識部位と DNA 切断部位が別分子なので，認識部位を増やしても切断活性を低く抑えることができる．標的を認識するガイド RNA は極めて短いので，複数種を同時に発現させても細胞に及ぼす負担は少ない上，DNA 切断酵素の濃度は一定に保つことができる．

この特性を生かし，一度に複数の標的配列を KO した動物が2013年に報告され，ラットでは3遺伝子座の変異，ゼブラフィッシュとマウスでは5か所の標的を一度にKOしたクインタプルKO動物の作製に成功している（表11.1参照）．また，マウス受精卵において同一染色体上の1万塩基以上離れた2か所の配列を標的としてCRISPR/Cas系を作用させ，間の配列を削除する大規模なゲノム編集にも高率に成功している[9]．今後は，複数の標的配列のKO動物の作成に，CRISPR/Cas系を用いたKOの手法が広く応用されていくものと考えられる．

本原稿の執筆には，藤井渉博士（東京大学大学院農学生命科学研究科）の多大なご協力をいただいた．この場を借りてお礼申し上げる． ［**内藤邦彦**］

文　献

1) Wilmut, I. et al.：*Nature*, **385**, 810-813 (1997).
2) Nagy, A. et al.：*Development*, **110**, 815-821 (1990).
3) Carroll, D. et al.：*Nat. Protoc.*, **1**, 1329-1341 (2006).
4) Fujii, W. et al.：*PLoS One*, **8**, e59801 (2013).
5) Li, T. et al.：*Nucleic Acids Res.*, **39**, 6315-6325 (2011).
6) Carlson, D. F. et al.：*Proc. Natl. Acad. Sci. U S A*, **109**, 17382-17387 (2012).
7) Cong, L. et al.：*Science*, **339**, 819-823 (2013).
8) Mali, P. et al.：*Science*, **339**, 823-826 (2013).
9) Fujii, W. et al.：*Nucleic Acids Res.*, **41**, e187 (2013).

12

ES細胞の樹立

12.1 ES細胞の成り立ち

生体内に生理的に存在する幹細胞は，造血幹細胞や神経幹細胞のように組織の特定の位置（ニッチ）に増殖停止した状態で少数存在し，必要に応じて細胞増殖と分化が誘導され様々な機能性細胞を供給するもので，一部の例外を除いて，通常は胚葉を超えた分化はできない．これに対して，多能性幹細胞は三胚葉（外胚葉，内胚葉，中胚葉），すなわち個体を形成するあらゆる細胞へと分化する多能性（pluripotency）をもちながら無限に増殖する，生理的には生体内に存在しない幹細胞である．

雄の場合は未分化な生殖細胞から，雌の場合は単為発生した異常卵から発生した腫瘍はテラトーマと呼ばれ，分化組織からなる良性のものと悪性のテラトカルシノーマがある．後者には三胚葉の分化組織と未分化な細胞が含まれており，この未分化細胞を胚性がん腫細胞（embryonal carcinoma cell, EC細胞）と呼ぶ．この細胞は体外培養も可能で，可移植性であり，移植後は再び三胚葉性の分化組織を形成することから多能性は明らかである．このようなEC細胞は，マウス胚を腎臓や生殖巣の皮膜下などに異所移植することによって人為的に誘導することができる．得られたEC細胞は，テラトカルシノーマ由来のものと同様に三胚葉性の分化組織を形成するだけでなく，一部の細胞株では初期胚に注入することによりキメラマウスを形成することが確認されている．これらの成果は，EC細胞が培養系で導入した遺伝子変異をマウス個体に取り込む有効な手段になりうることを示した．しかし，EC細胞はあくまでも「がん細胞」であり，実際にはキメラマウスの多くに腫瘍が生じたこと，キメラマウスを形成しても寄与する組織が限られ生殖細胞にも分化できなかったことから，その目論みは実現しなかった．

1981年7月に，イギリスのEvansとKaufmanはマウス胚盤胞において，将

表 12.1　マウス ES 細胞の特徴

形態的		ドーム型のコロニーを形成 小型細胞で核小体が明確 細胞の境界が不明瞭 染色体構成が正常（マウス：2n＝40）
	未分化細胞マーカー	アルカリフォスファターゼ SSEA-1（ヒト：SSEA-3, SSEA-4）
	特異的遺伝子発現	*Oct3/4*, *Nanog*, *Sox2* など
機能的		無限増殖能
	多能性	分化条件で浮遊培養で胚様体を形成 ヌードマウスへの細胞移植によりテラトーマを形成
	キメラ形成能	キメラマウスを形成 生殖細胞に分化

来胎子を形成する内部細胞塊（ICM）をマウス胎子線維芽細胞をフィーダーとして用いた特殊な培養系で継代することにより，EC 細胞とよく似た細胞株を樹立することに成功した[1)]．これが胚性幹細胞（ES 細胞）の初出で，当初は彼らの名前に因んで“EK cell”と呼ばれていた．同年 12 月には，アメリカの Martin が EC 細胞の順化培地を用いた培養系で同様の細胞を樹立した[2)]．ES 細胞が成立した本質は，人為的な誘導系を異所移植から体外培養系に切り替え，テラトーマを経由しなかったことにある．

ES 細胞の判定基準（クライテリア）は**表 12.1** のように整理されるが，最も重要な性質はキメラ形成能である．すなわち，得られた ES 細胞を正常な胚盤胞に注入したり，8 細胞期胚と集合して作出したキメラ胚を仮親に胚移植することにより，高率にキメラマウスが得られ，その生殖細胞にも寄与することが判明している．その性質は遺伝子導入などを施した後でも失われることはなく，ここに至って培養系で細胞に施した様々な遺伝子変異をマウス個体に導入することが可能となった[3)]．ES 細胞キメラは，体細胞クローン技術以前にあっては培養細胞から個体を再構築する唯一の手段であり，相同組換え機構を利用した遺伝子ノックアウト/ノックインマウスの作出に応用され，遺伝子機能解析を通して医学研究に多大な貢献を残した．その研究開発に貢献した，Capecchi，Smithies，Evans の 3 氏に対しては，2007 年にノーベル生理学・医学賞が贈られている．国内では相澤慎一博士らが独自の ES 細胞株とジフテリア毒素フラグメント A 遺伝子を用いたネガティブ選択技術を開発し，多くのノックアウト/ノックインマウスの作出に貢献した．

129 系とその交雑系のマウスでテラトーマを好発することから，当初は ES 細胞も 129 系マウス胚からの樹立は容易と考えられていた．そのため，初期に樹立された ES 細胞株のほとんどが 129 系とその交雑系に由来していた．培養系が高度に改善された今日では，多少の差はあるが様々なマウス系統に由来する ES 細胞が樹立されている．また，種々の変異マウス由来の胚からだけでなく，単為発生胚や雄核発生胚，さらには体細胞クローン胚からも ES 細胞を樹立することができる．体細胞クローン胚に由来する ES 細胞は，体細胞を核移植によってリプログラミング（初期化）しているとみることができ，これに対して iPS 細胞は遺伝子導入などにより人工的に体細胞をリプログラミングしている．前者では比較的短時間でリプログラミングが遂行されるのに対し，後者ではリプログラミングに長期間を要する点で異なることが指摘されているが，本質的な相違についてはまだわかっていない．

12.2　ES 細胞の樹立・維持に関わる分子機構

マウス ES 細胞の培養系の研究において，BRL（buffalo rat liver）細胞の培養上清に ES 細胞の分化を抑制する作用があることが判明し，その活性本体として白血病抑制因子（leukemia inhibitory factor，LIF）が同定された[4,5]．以降，新しい培地や添加物の開発もあり，マウス ES 細胞の培養系は飛躍的に向上し，高度な技術を必要として限られた研究室でのみ可能であった樹立・継代維持が容易になり，一般の研究室へと普及した．

LIF は IL6 ファミリーサイトカインであり，LIFRβ/Gp130 ヘテロ二量体の LIF 受容体を介して，ES 細胞内の主として Jak-Stat3 シグナル伝達系を活性化し，ES 細胞の多能性維持に作用していることが明らかにされている．この他に LIF シグナルは，PI3 キナーゼ-Akt シグナル伝達系，Grb2-MAP キナーゼ伝達系を活性化する．MAP キナーゼ系は，ES 細胞が自己分泌する FGF4 にも刺激されるなどして，分化方向へ誘導することが知られており，MAP キナーゼ阻害剤を培地に添加すると，ES 細胞の分化が抑制され増殖性が向上する．

一方，未分化状態を維持した EC 細胞で特異的に発現している転写因子として *Oct3/4* が同定され，ES 細胞や初期胚細胞，生殖細胞などの未分化細胞にも共通していることが明らかとなった．*Oct3/4* 遺伝子ノックアウトマウスの胚は，ICM が形成されず胚盤胞で発生が停止する[6]．また ES 細胞は，*Oct3/4* の発現量が規定よりも低いと栄養外胚葉に，高くても原始内胚葉に分化してしまう[7]．

これらのことは，*Oct3/4* の発現は ES 細胞の多能性の維持に必須であり，発現量が厳密に制御される必要があることを示している．*Oct3/4* は，性決定遺伝子である *Sry* の DNA 結合ドメイン HMG box に相同性をもつ転写因子である *Sox2* と複合体を形成して，標的となる *Nanog*，*Utf1*，*Fgf4* などの遺伝子の転写を活性化する．このうち *Nanog* は，LIF シグナル系とは独立に ES 細胞の自己複製を維持する因子として同定された，ホメオボックスタンパク質である．*Nanog* を欠損すると ICM はエピブラストを形成せず，壁側内胚葉様細胞に分化し，ES 細胞は多能性を失い胚胎外内胚葉に分化する．*Oct3/4*，*Nanog* および *Sox2* は，それぞれ自律的に発現制御しているとともに，相互に制御し合うことで ES 細胞の多能性の安定化を図っているものと考えられている．

iPS 細胞の場合，山中因子の遺伝子導入などによる人為的な細胞のリプログラミングがあり，結果として多能性幹細胞が得られることから，その因果関係は明確である．しかしマウス ES 細胞の場合，判明している多能性維持機構は，樹立されている ES 細胞を材料に得られた結果であって，なぜ ES 細胞が樹立されるのかについてはわかっていない．哺乳動物の初期胚は，分割や胚細胞の分離によって一卵性双子を作出することが可能である．胚を分割・分離すると細胞数は当然 1/2 となるが，得られる産子のサイズに違いは生じないことから，発生過程のいずれかの段階で細胞数が調整されていることがわかる．この初期胚のもつ強力な調整能が，ES 細胞の樹立に一役買っていると考えられている．すなわち，未分化な細胞が自己複製を繰り返し，規定の大きさ・細胞数の塊に達したときに分化が誘導される単純なモデルを想定すると，規定の大きさ・細胞数に達する前に塊を分散（継代）すれば，分化誘導されずに自己複製を継続することになる．このような継代を一定の間隔で継続すると，培養系に適応して未分化状態の維持に必要な遺伝子群が確率論的に恒常的発現をするようになり，株化されると考えられる．またマウス胚盤胞の場合，ICM 細胞の数は 20 個程度あるが，これらの細胞は均一ではなく *Oct3/4* や *Nanog* の発現にばらつきがあることなどから，ES 細胞の起源となる細胞は ICM の中でも限られているという見方もある．

12.3　ES 細胞株の不均一性

一般的に，NIH3T3 などの細胞株は均一な細胞集団と理解されており，ES 細胞も同様と思われがちである．しかし，ES 細胞を様々な細胞表面抗体で免疫染色してみると，かなりムラがあり均一な細胞集団ではないことが推察される．一例として，マウス ES 細胞に PECAM1 抗体および SSEA-1 抗体を用いた二重染色を施し，フローサイトメトリー解析すると，大きく 3 つの亜集団（PECAM1$^-$SSEA-1$^-$，PECAM1$^+$SSEA-1$^-$ および PECAM1$^+$SSEA-1$^+$）に分画される[8)]（**図 12.1**）．PECAM1（platelet endothelial cell adhesion molecule 1）はイムノグロブリスーパーファミリーに属する細胞接着分子で，血管新生や血管再生に重要な役割を果たしており，初期発生では ICM で特異的に発現している．SSEA-1（stage specific embryonic antigen 1）は EC 細胞の F9 株を抗原として得られたモノクローナル抗体が認識する LeX 糖鎖であり，未分化細胞に特異的な細胞表面マーカー分子として知られており，マウス ES 細胞は SSEA-1 陽性であるのは常識であった．しかし，実際は ES 細胞の中には SSEA-1 陰性の亜集団が存在することが判明した．PECAM1$^+$SSEA-1$^-$細胞と PECAM1$^+$SSEA-1$^+$細胞をそれぞれ培養すると，他の亜集団を再構成することから，これらは相互に可塑性を維持している．また 3 つの亜集団間には，*Oct3/4* や *Nanog* などの既知の未分化細胞マーカーの発現や，エピジェネティックな状態に差があることが判明し，PECAM1$^-$ SSEA-1$^-$ 細胞は分化途上にあり，PECAM1$^+$ SSEA-1$^-$ および

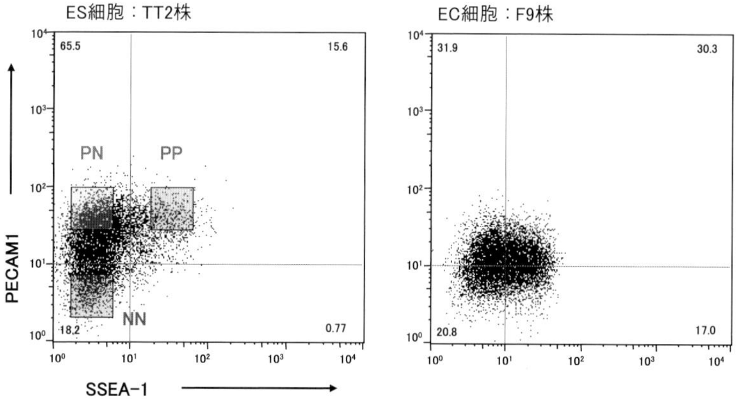

図 12.1 ES 細胞の不均一性

細胞を蛍光標識した PECAM1 抗体と SSEA-1 抗体で二重染色してフローサイトメトリー解析すると，EC 細胞（F9 株）の場合，均一な細胞集団にみえる．これに対して ES 細胞（TT2 株）では，両方とも陽性（PP），陰性（NN）および PECAM1 陽性かつ SSEA-1 陰性（PN）の 3 種類の亜集団が検出される．この分画パターンは，由来の異なる複数のマウス ES 細胞株で同様に確認されている．

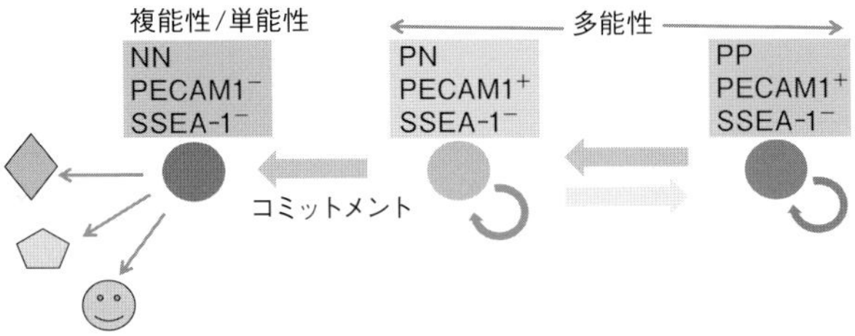

図 12.2 ES 細胞の未分化状態のモデル
実際には，個々の細胞が PN と PP を行き来しているのか，不等分裂によって他方を供給して平衡状態を維持しているのか，また自己複製は両方の細胞で起こっているのか，といったことはわかっていない．分化コミットした NN は，PN からのみ出現することが想定される．

PECAM1$^+$SSEA-1$^+$細胞は未分化性を維持していることが示された．さらにキメラ胚を作出したところ，PECAM1$^+$SSEA-1$^-$および PECAM1$^+$SSEA-1$^+$細胞が特異的に ICM に寄与し，特に後者は後期発生においてエピブラストを特異的に占めるようになり，最もキメラへの寄与能力の高い亜集団であることが示された．このような未分化性の差異を伴う ES 細胞の不均一性については，*Dppa3, Nanog, Rex1* などの発現にもみられている．

ヒト ES 細胞では，SSEA-3 が陽性と陰性の間で揺らいでいることが報告されている．自己複製を繰り返す幹細胞の性質を安定的に保つためには，簡単に分化するようでは不都合である．また，高度な多能性を発揮する初期胚の性質を発揮するためには，外部刺激に対してある程度柔軟な反応性を維持する必要がある．これらを両立するために，ES 細胞株に異なる細胞集団が存在するのは都合がよい．このように，ES 細胞は単一の細胞集団として存在しているわけではなく，性質の異なる亜集団の動的平衡状態を保つことにより ES 細胞としての一定の性質を維持していると考えられる（**図 12.2**）．一方，様々な解析では結果がばらつき，再現性を不安定にする原因にもなるので，ES 細胞を詳細に解析する際には不均一な細胞集団であることを念頭に置く必要がある．

12.4 マウス以外の ES 細胞

1998 年に，アメリカの Thomson らによってヒト ES 細胞の樹立が報告された[9]．不妊治療の際に体外受精した後，胚移植に使用されず凍結保存されていた余剰胚を体外培養して得た胚盤胞からマウスと同様の手法で ES 細胞が樹立されたもので，再生医療への応用など期待されるところもあるが，倫理的な問題も大きい．

いうまでもなくヒト ES 細胞ではキメラ形成能を評価することは不可能であり，その点を棚上げし，マウス ES 細胞との類似性のみが強調されて「ヒト ES 細胞」が呼称として定着している．しかし，実際にはキメラ形成能や生殖細胞への分化能といったクライテリアをひとまず除外しても，ヒトとマウスの ES 細胞の間には隔たりがあることが判明している．すなわち，マウス ES 細胞はドーム状のコロニーを形成するのに対して，ヒト ES 細胞は単層の扁平なコロニーを形成する．また，マウス ES 細胞の増殖・未分化性維持は LIF に依存するが，ヒト ES 細胞では塩基性線維芽細胞増殖因子（bFGF）に依存するなど，様々な差異がある．

2007 年にはマウスの後期着床胚のエピブラストから，ES 細胞とは性質が異なる多能性幹細胞株が樹立され，EpiS 細胞（epiblast stem cell）と名付けられた[10,11]．このマウス EpiS 細胞は，マウス ES 細胞と異なり扁平なコロニーを形成し，bFGF に依存する．またテラトーマを形成するが，マウス ES 細胞と異なりキメラ形成能が非常に低いか認められず，生殖細胞へも分化しない．このような性質は，その起源が ICM より分化が進み，生殖細胞が分岐した後のエピブラストであることに由来するとみられているが，ヒト ES 細胞と非常に類似しており，同じ範疇の多能性幹細胞であるとも考えられている．

ウシ，ブタなどの家畜においても，以前から ES 細胞の樹立は多数試みられており，中にはキメラ形成能を示す ES 細胞株も報告されてはいるが，その形成率やキメラ動物における ES 細胞の寄与率は極めて低く，生殖細胞への分化が確認されたものはない．この他，形態や増殖因子の要求性などからも，これまで得られたとされる家畜 ES 細胞は，概ねヒト ES 細胞やマウス EpiS 細胞に類似したものとみられる．

これまでマウス ES 細胞と同等の性能を示す ES 細胞が得られているのは，ラットのみである．2008 年に 2 つのグループによって，GSK3，MEK および FGF 受容体型チロシンキナーゼに対する 3 種類の低分子阻害剤（3i）を培地に添加することで，ラット ES 細胞が得られたことが報告された[12,13]．GSK3 阻害剤は，β カテニンの安定と核内移行を促し，転写抑制因子の機能を抑制して多能維持に関わる因子の転写活性を誘起する．また MEK 阻害剤と FGF 受容体型チロシン

表 12.2 ナイーブ型とプライム型の差異

	ナイーブ型/マウス型	プライム型/ヒト型
コロニーの形態	重層ドーム型	単層平板型
胚様体･テラトーマ形成	+	+
キメラ形成	+	−
生殖細胞分化	+	−
増殖因子依存性	LIF	bFGF，アクチビン
特異的マーカー遺伝子	*Rex1*，*Klf4* など	*Fgf5*
雌 X 染色体不活化	−	+
分類される細胞	マウス ES 細胞，マウス EG 細胞，ラット ES 細胞	ヒト ES 細胞，マウス EpiS 細胞

キナーゼ阻害剤は，ES 細胞の自発的な分化を誘導する MAP キナーゼ系や，それを刺激する FGF4 の活性を抑制するものである．得られたラット ES 細胞は高率にキメラ動物を形成し，その生殖系列にも寄与することが示されている．

マウス・ラット ES 細胞と，ヒトを含むそれ以外の動物で得られている ES 細胞および EpiS 細胞の違いはどのように整理したらよいだろうか．この問題について，2009 年にマウスやラットの ES 細胞が示す多能性をナイーブ型多能性（naive pluripotency），ヒト ES 細胞やマウス EpiS 細胞が示す多能性をプライム型多能性（primed pluripotency）と分類することが提唱され[14)]，現在では定着している（**表 12.2**）．

マウスでは ICM を出発材料に，LIF 存在下では ES 細胞が樹立されるが，アクチビンと bFGF 存在下では EpiS 細胞が樹立される．後者では，ICM がエピブラストまで分化した上で EpiS 細胞が樹立されたと考えられる．ヒトや家畜の場合も，胚盤胞から培養を開始しても，ICM の段階ではナイーブ型の細胞は出現せず，1 段階分化が進行してからプライム型の細胞が樹立されてくると理解され，プライム型はナイーブ型に比べて分化が進んだ状態で株化されているといえる．ラット ES 細胞の樹立に有効であった 3i 培養系を家畜に適用する試みもなされているが，現在のところナイーブ型はマウスおよびラットでのみ樹立され，ヒトや家畜だけでなく，同じ齧歯目であってもウサギなどではプライム型しか樹立されていない．ウサギ，ブタ，ウシやヒトを含む多くの哺乳類が胚盤（embryo disc）を形成するのとは異なり，マウスとラットは特異的に卵円筒（egg cylinder）を形成するなど，両者の初期発生過程には明らかな違いがあることを考えると，先立つ ICM の段階にそれを裏打ちするような，まだみえていない分子機構があることは否定できない．

12.5　ES 細胞研究の今後の展開

すでに，病態モデルなどの組換えブタは体細胞核移植法により安定して作出されるようになっており，ノックアウト/ノックインも相同遺伝子組換えによらず，ZFN，TALEN や CRISPR/Cas といった新しいゲノム編集技術に置き換えられている状況で，もはやこの分野での ES 細胞の存在意義は失われつつある．

一方マウスでは，新たに ES 細胞から試験管内で精子や卵子を誘導する革新的な技術が確立されてきている[15-17]．すなわち，雄型 ES 細胞をエピブラスト様細胞に分化させた上で，*Blimp1*，*Prdm4* および *Tfap2c* という 3 種類の転写因子を発現させることにより，始原生殖細胞様の細胞が誘導されている．これを不妊の雄マウスの精巣に移植すると正常な精子が得られ，それを用いた体外受精によって正常な産子が生産されている．同様に雌型 ES 細胞から始原生殖細胞様の細胞が誘導され，これを卵巣を構成する体細胞と凝集して，免疫不全マウスの卵巣皮膜下に移植することにより成熟卵子が得られ，その卵子由来の産子も生産されている．

生体内では生殖細胞の成熟は個体の成長に依存しており，受精卵から産子になり，その個体が性成熟して精子・卵子を形成するまでには，ウシであれば通常 3 年程度は要する．ES 細胞から直接精子・卵子が生産できれば，試験管内で短期間に世代サイクルを重ねることが可能となる．家畜個体から切り離された in vitro 生殖細胞系列を構築することによって，従来とは異なる全く新しい効率的な家畜改良・繁殖技術が開発されると期待される．その実現のためには，より利用性の高いナイーブ型の ES 細胞や他の多能性幹細胞を，様々な動物種から安定して樹立・培養する技術を確立することが必要となる．

今日でも未分化細胞マーカーとして多用される SSEA-1 抗体は，EC 細胞の F9 株を抗原に作製されたものであり，また *Oct3/4* も P19 株からクローニングされた遺伝子である．このように ES 細胞の樹立に関する研究は，50 年に及ぶ EC 細胞の研究から連綿と引き継がれてきたものである．そして，同じように ES 細胞の研究は，新たに iPS 細胞の樹立へと接続していくのである．

付記：多能性幹細胞の種類（**表 12.3**）

多能性幹細胞としては，本章で述べた EC 細胞，ES 細胞，EpiS 細胞の他に，

表 12.3 分化能力の分類

	分化能力	例
全能性（totipotency）	胎盤系を含む，個体を構成するすべての細胞に分化	受精卵
多能性（pluripotency）	個体を構成する三胚葉の組織に分化	EC 細胞，ES 細胞，EG 細胞，iPS 細胞
多能性/複能性（multipotency）	胚葉を超えない範囲で複数系譜に分化	造血幹細胞，神経幹細胞，間葉系幹細胞など
単能性（unipotency）	単一の細胞/組織に分化	筋幹細胞，皮膚細胞など

EG 細胞（胚性生殖幹細胞，embryonic germ cell）と iPS 細胞がある．EG 細胞は，胎子期の始原生殖細胞から LIF，bFGF および SCF 存在下で樹立，維持される多能性幹細胞で，ES 細胞とほぼ同じ性質を示すが，遺伝子発現パターンなどに違いがみられる．iPS 細胞については 13 章を参照のこと．［**徳永智之**］

文　献

1) Evans, M. J. and Kaufman, M. H.：*Nature*, **292**, 154-156（1981）.
2) Martin, G. R.：*Proc. Natl. Acad. Sci. U S A*, **78**, 7634-7638（1981）.
3) Bradley, A. et al.：*Nature*, **309**, 255-256（1986）.
4) Smith, A. G. et al.：*Nature*, **336**, 688-690（1988）.
5) Williams, R. L. et al.：*Nature*, **336**, 684-687（1988）.
6) Nichols, J. et al.：*Cell*, **95**, 379-391（1998）.
7) Niwa, H. et al.：*Nat. Genet.*, **24**, 372-376（2000）.
8) Furusawa, T. et al.：*Biol. Reprod.*, **70**, 1452-1457（2004）.
9) Tomson, J. A. et al.：*Science*, **282**, 1145-1147（1998）.
10) Brons, I. G. et al.：*Nature*, **448**, 191-195（2007）.
11) Tesar, P. J. et al.：*Nature*, **448**, 196-199（2007）.
12) Buehr, M. et al.：*Cell*, **135**, 1287-1298（2008）.
13) Li, P. et al.：*Cell*, **135**, 1299-1310（2008）.
14) Nichols, J. and Smith, A.：*Cell Stem Cell*, **4**, 487-492（2009）.
15) Hayashi, K. et al.：*Cell*, **146**, 519-532（2011）.
16) Hayashi, K. et al.：*Science*, **338**, 971-975（2012）.
17) Nakaki, F. et al.：*Nature*, **501**, 222-226（2013）.

13

iPS 細胞の樹立と細胞分化

13.1　iPS 細胞がつくられた背景

受精卵から発生した細胞の中には，多様な種類の細胞に分化できる能力（多能性）をもつ細胞がある．受精後 3.5 日目のマウス胚は胚盤胞期胚と呼ばれるが，この胚内にある内部細胞塊（ICM）は多能性細胞の集団であり，そこからは胚性幹細胞（ES 細胞）と呼ばれる多能性幹細胞が樹立できる（12 章参照）．一方，両生類のカエルでは，核移植（14 章参照）と呼ばれる技術を使って，オタマジャクシの腸管の体細胞を未受精卵の細胞質内に核移植することにより，オタマジャクシを再生することができる[1)]．またマウスの体細胞は，多能性幹細胞と融合することにより多能性を獲得できる[2)]．さらに，ヒツジの乳腺上皮細胞を未受精卵に核移植することにより，生物としての正常な繁殖能を有したヒツジ（「ドリー」）を生産することができる[3)]．これらの報告は，体細胞が多能性をもつ（未分化な）細胞の環境にさらされると，その細胞分化の状態は多能性細胞の性質へと変化しうることを示している．本章では，この現象を細胞のリプログラミングと呼ぶことにする．

このような研究の流れの中で，2006 年に山中らは，マウス ES 細胞内でその多能性の維持に重要な働きをしている 24 個の転写調節遺伝子に着目し，マウスの繊維芽細胞に導入した．これらの遺伝子が多能性の維持に重要であるのなら，体細胞内で発現させることによって，体細胞を多能性細胞にリプログラムされることが期待される．24 種類の遺伝子が導入された細胞は，確かに ES 細胞に類似する性質をもっていた．そこで，24 種類のうち体細胞のリプログラミングを誘導できる必須の因子を検索したところ，4 つの遺伝子（*Oct3/4*，*Klf4*，*Sox2* および *c-Myc*，以下リプログラミング因子あるいは OKSM と呼ぶことにする）が体細胞を多能性細胞に誘導するために重要であることが明らかとなった[4)]．得られた多能性幹細胞株は，人工的な遺伝子導入によって多能性を誘導された細胞であることから，人工多能性幹細胞（induced pluripotent stem cells，iPS 細胞）と名付けられた．

また，iPS 細胞は ES 細胞とも類似しており，キメラマウスを介して生殖細胞へも分化して，次世代に iPS 細胞の遺伝情報を伝達できる高度な多能性をもつことも示された[5)]．さらに 2007 年には，マウスと同様に，ヒトの体細胞（成人の皮膚由来の繊維芽細胞）にリプログラミング因子を導入してヒト iPS 細胞の樹立に成功した[6)]．ヒト iPS 細胞は，治療を必要とする患者本人の体細胞を用いて多能性幹細胞をつくり出せることから，再生医療への応用技術として期待されている．

本章ではマウスを中心として，家畜も含めた哺乳動物の iPS 細胞に関する最近の知見をとりまとめた．しかしこの分野の研究の進展は非常に速く，記載されている事項のいくつかは改訂を要する可能性があることを付け加えておきたい．

13.2　iPS 細胞の樹立方法

最も一般的な，レトロウイルスを用いた iPS 細胞の樹立をマウスでの手法を例として述べる（**図 13.1**）．詳細は文献[7)]を参照のこと．

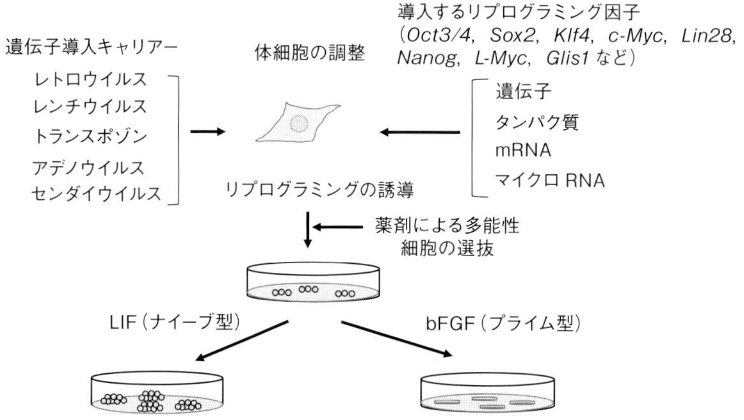

図 13.1　iPS 細胞株の樹立方法の概要

13.2.1　体細胞の調整

体細胞は，生体から得た組織切片を鋭利なハサミで 1 mm 角に細片し，10％の血清を含む Dulbecco's minimal essential medium（D-MEM）中で増殖させ，活発に増殖中の細胞を実験に供試するまで液体窒素下で保存する．

iPS 細胞の樹立に用いることのできる細胞種は多種多様であり，ほとんどの細胞から樹立は可能であるが，動物種によって iPS 細胞の樹立の難易度には大きな差があるとともに，細胞種によって iPS 細胞の樹立効率が高まることを指摘する報告もある．

13.2.2　iPS 細胞を培養するための支持（フィーダー）細胞の調整

最もよく利用されているフィーダー細胞は，SNL フィーダー細胞と呼ばれるもので，マウス胎児繊維芽細胞に由来し，neo 耐性遺伝子と LIF 遺伝子が導入されている．このため，iPS 細胞の選抜薬剤としてジェネティシン（G418）の利用が可能である．また，iPS 細胞の生存性と細胞分化を抑制するサイトカイン，LIF を発現することから，iPS 細胞を安定的に多能性幹細胞として維持できる．使用にあたっては，あらかじめマイトマイシン C により SNL 細胞の細胞増殖を停止させ，0.1％のゼラチンでコートした培養皿に播種しておく．そこにリプログラミング因子を導入した体細胞を播種する．リプログラミング因子の導入の 1 週間後には，マウス ES 細胞様のドーム状のコロニーが培養皿上に出現する．

13.2.3　リプログラミング因子導入用のウイルスベクターの調整

遺伝子導入するためのキャリアーとしてレトロウイルスを用いる．これ以外にも，レンチウイルスやアデノウイルスなどをキャリアーとして用いた報告もある．まず，レトロウイルスを増やすためのパッケージング細胞として，ウイルスの構造タンパク質，逆転写酵素，感染受容体の認識に関与する，それぞれ *gag*, *pol* および *env* 遺伝子をもつ Plat-E 細胞を調整する．この細胞に，前述した 4 つのリプログラミング因子を個別に組み込んだ pMX ベクターを導入する（**図 13.2**）．ウイルスは，細胞内でパッケージ因子によってアッセンブルされ，細胞外に放出される．ベクターを導入後 1 日培養し，いったん新鮮な培養液に入れ替え，24 時間後に上清のウイルスを含む溶液を回収する．細胞へのウイルス感染には種特異性があるため，マウスやラットなどの齧歯類の細胞を用いる場合はエ

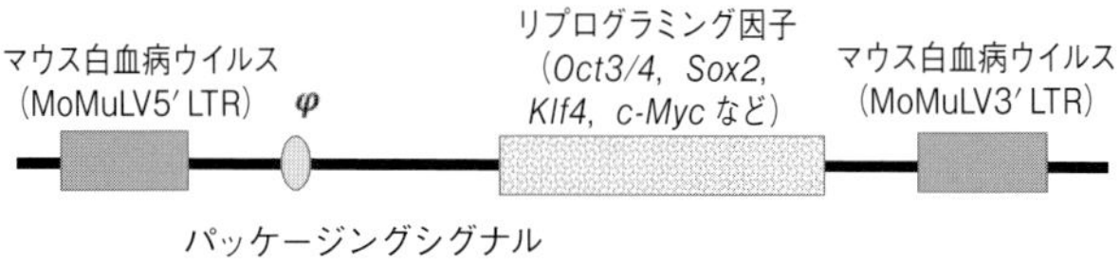

図 13.2　pMX ベクターの構造

pMX ベクターを Plat-E 細胞に感染させると，リプログラミング因子をもつウイルスが細胞外に放出される．放出されたウイルスを回収して，iPS 細胞を樹立しようとしている体細胞に感染させる．リプログラミング因子は体細胞の染色体内に取り込まれて発現する．このベクターは 1 種類のタンパク質をコードしているだけであるが，複数のリプログラミング因子を連結して，それらを同時に発現させるポリシスティックベクターもよく利用される．

コトロピックウイルス，哺乳類の広範な動物種の細胞に感染させる場合にはパントロピックウイルスを選択する．ウイルスは実験ごとに調整する必要があり，冷凍保存すると感染率が低下し，iPS 細胞の樹立効率に影響を及ぼす．

13.2.4　体細胞内へのリプログラミング因子の導入

体細胞に導入するリプログラミング因子としては，多くの場合マウスあるいはヒト由来の 4 つの多能性関連転写因子（OKSM）が使われる．これ以外には，*Nanog* や *Lin28* 遺伝子が使われる場合もある．また，細胞のがん化を避けるために *L-Myc* や *Glis1* 遺伝子を *c-Myc* の代わりに使用することもある．iPS 細胞の樹立が難しい動物種（家畜など）では，ES 細胞を含む多能性細胞で高発現している *Nanog* を 4 種の遺伝子に加えて導入する例も知られている．またリプログラミング因子については，体細胞と同種の遺伝子を導入するのか，他の動物種のものを用いるのかという視点もある．一般的には，マウスあるいはヒト由来の多能性関連遺伝子がリプログラミング因子として導入されているが，その動物種差については検討の余地がある．

前項で回収したウイルスを培養中の体細胞に加え，4〜24 時間感染させる．培養液を新鮮な D-MEM に交換後 3〜4 日培養し，細胞を回収後あらかじめ調整した SNL フィーダー細胞上に播種する．これ以降は多能性細胞を維持するための培養液（マウスの ES 細胞培養用の培養液あるいはヒト ES 細胞培養用の培養液）に移して，毎日一度新鮮な培養液に交換しながら継続培養を行うと，マウスの場合には約 10 日でドーム型のコロニーが出現する．

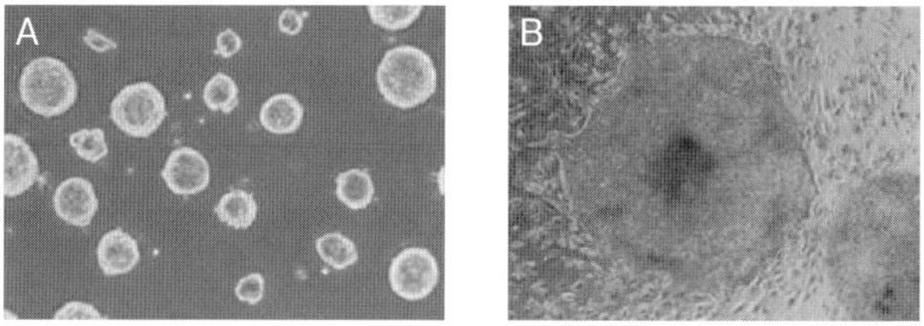

図 13.3 ナイーブ型，プライム型の iPS 細胞コロニー
A：マウスのナイーブ型の iPS 細胞コロニー，B：ウシのプライム型の iPS 細胞コロニー.

13.2.5 iPS 細胞のコロニー形成と継代

体細胞に遺伝子を導入後，出現してくるコロニーの形状は大きく 2 つに分類される．マウスでは，ドーム型の盛り上がったコロニーを形成する（**図 13.3A**）．しかし，マウス以外のヒトを含むほとんどの動物種は，扁平な形状のコロニーを形成する（図 13.3B）．また，コロニー形状の差異は培養液の組成によっても影響を受ける．いずれも D-MEM と無血清培地である KSR を基礎培養液として，マウスではサイトカインの LIF，マウス以外の動物種では塩基性繊維芽細胞増殖因子（bFGF）を含む培養液で培養する．培養液の適性は厳密であり，適切でない培養液では iPS 細胞のコロニーを得ることはできない．また，マウス以外の動物種では LIF のみで細胞分化を抑制することが難しく，細胞分化阻害剤を使用することがある．代表的な阻害剤は，分化細胞の増殖に関与するシグナル伝達系を阻害する化合物で，MAPK シグナルを介する MEK/ERK 伝達系阻害剤（PD032591）や，*Wnt*/カテニンシグナルの GSK 伝達系阻害剤（CHIR99021）である．この 2 つの阻害剤を総称して 2i と呼ぶ．

出現したコロニーの継代方法は，ドーム型と扁平型でそれぞれ異なっている．前者では，トリプシンと EDTA を含む溶液で数分間処理すると単一の細胞に分散し，単一細胞からコロニーの再形成が可能である．しかし後者の細胞では，トリプシンによる細胞分離を行うとアポトーシスによって細胞が死滅してしまう．鋭利な金属針やガラスピペットで，大きなコロニーをより小さな（約 10 個程度）細胞群からなる集団に切り分け，それを新鮮な培養液に播種して継代する．

13.2.6 iPS 細胞株の多能性幹細胞としての評価

iPS 細胞は多能性幹細胞であるので，樹立された細胞株の評価は ES 細胞に準じる（12 章を参照）．すなわち，樹立された細胞株において，*Oct3/4, Nanog, Sox2, Klf4, Epcam* など多能性幹細胞を特徴づける遺伝子およびタンパク質の発現の有無を確認する必要がある．また，アルカリフォスファターゼの活性，細胞表面抗原 SSEA1，SSEA3，SSEA4，TRA-1-60，TRA-1-81 なども重要な指標となる．これらの細胞表面抗原は，動物種によっても細胞の多能性の状況によって，その発現量や分子の種類が異なる場合がある．

iPS 細胞は，外部から遺伝子を導入することによって人工的に作製された細胞であるため，体細胞のリプログラミングや多能性幹細胞としての性質は導入遺伝子の発現によって制御されている．したがって，その制御から解かれない限り細胞が正常に分化することは難しい．マウスやヒトの iPS 細胞の場合には，体細胞がリプログラムされ，体細胞内で内因性の多能性遺伝子が発現すると，導入したリプログラミング遺伝子の発現が抑えられる．この現象はサイレンシングと呼ばれ，外部からレトロウイルスが侵入してきた場合のゲノムの防御機構として生物界で広く認められている．しかしこれまでの報告からは，サイレンシングが起こるのはマウスとヒトの iPS 細胞だけで，それ以外の動物種では外来遺伝子の影響が残されている．これは，マウス以外の動物種で，キメラ形成能も含めた高度な多能性を有した iPS 細胞が樹立されていない 1 つの原因となっている．

iPS 細胞の多能性分化能を評価するためには，ES 細胞の評価と同様に胚様体（embryoid body）形成の有無によって確認できる（12 章参照）．胚様体は様々な細胞種から構成され，内・外・中胚葉に対する特異的抗体で免疫染色することによって，三胚葉性の細胞分化が確認できる．また，分離した iPS 細胞をヌードマウスの皮下に注入して，奇形腫（テラトーマ）の形成によって三胚葉への細胞分化を検討することもできる．

iPS 細胞が体のすべての細胞や組織を形成するような，高度な多能性幹細胞であることを証明するためには，分離した iPS 細胞を胚盤胞期胚内に数個注入してキメラ動物を作出することが必要である（12 章参照）．しかし，これまで樹立されている iPS 細胞の中では，マウス[5)]とラット[8)]でキメラ個体が報告されているにすぎず，高度な多能性をもつ iPS 細胞の樹立は，齧歯類以外の動物種では技術的に確立されているとはいえない．

13.2.7 遺伝子導入以外の iPS 細胞の樹立方法について

iPS 細胞は，一般的にはリプログラミング因子の体細胞内への導入によって樹立されているが，導入遺伝子が染色体内に組み込まれることや細胞のがん化を促す可能性を排除するために，それに代わるいくつかの方法が試みられている．

まず，リプログラミングに関与するタンパク質（OCT3/4，SOX2，KLF4，C-MYC）の C 末端に，ポリアルギニンあるいはウイルスの膜移行シグナルペプチドを結合させ培養液に添加することによって，これらのタンパク質を体細胞に導入してリプログラミングを誘導する方法がある[9)]．タンパク質は培養液中や取り込まれた細胞質内で徐々に分解されるので，継続的に培養液中に補う必要がある．リプログラミングに要する期間は遺伝子導入法に比べて長く（30〜35 日），樹立効率も低い．

また，マウス ES 細胞内で発現している数種のマイクロ RNA（miR 302-367 クラスターなど）を細胞内に導入して，iPS 細胞を樹立する方法がある[10)]．マイクロ RNA はタンパク質をコードしていないが，胚発生や細胞分化の制御に重要な役割を果たしており，多能性細胞の自己増殖と多能性維持にも関与していると考えられている．RNA が細胞内で不安定なために複数回の導入が必要であるが，この手法を用いた場合の iPS 細胞のリプログラミング誘導や樹立効率は，遺伝子導入法に匹敵するといわれている．

さらに，RNA，遺伝子やタンパク質の導入によらず，化学物質だけの培養液の添加によって iPS 細胞を誘導する方法が報告されている[11)]．まず，リプログラミング因子のうち *Oct3/4* 遺伝子のみを欠いた 3 つの遺伝子を導入し，約 1 万種類の化学物質をスクリーニングすると，この過程でいくつかの cAMP 誘導物質と細胞のエピジェネティック変化を誘導する因子が見つかる．*Oct3/4* 遺伝子の下流に GFP を融合したマーカー遺伝子を使ってさらにスクリーニングをすると，*Oct3/4* 遺伝子の発現を直接的に誘導する 3-deazaneplanocin A （DZNep）を含む 7 種類の化学物質が同定される．これらの化学物質を含む培養液でマウス体細胞を培養したところ，0.2％という高効率で iPS 細胞が誘導された．加えて，樹立された細胞株は三胚様性の多分化能をもち，キメラ形成能や生殖細胞へ分化能も有していた．遺伝子導入に依存しないこのような技術が確立されれば，体細胞のリプログラミングへの理解が深まるとともに，多様な動物種において iPS 細胞の樹立が可能になると考えられる．

13.3 iPS細胞の樹立と維持におけるリプログラミング因子の役割

13.3.1 *Oct3/4*

iPS細胞やES細胞のみならず，血液幹細胞や神経幹細胞などの体性幹細胞や未受精卵内にも存在する．他のリプログラミング因子とともにiPS細胞の未分化性と多分化能の維持に作用しているが，その発現量が一定に保たれていることが多能性の維持に重要であると考えられており，発現量が低くても高くても細胞は分化の方向に向かう．iPS細胞の樹立に関して必須の因子といえる．

13.3.2 *Sox2*

*Oct3/4*と二量体を形成して，多能性細胞の自己増殖と多能性の維持に関わっている．体細胞にリプログラミングを誘導する際には，*Nanog*遺伝子を*Sox2*遺伝子に代用することができる．また体細胞の種類によっては，*Sox2*を発現している細胞があり，その場合にはリプログラミング誘導に*Sox2*の導入は必要としない．この関係は，体細胞内で発現する他のリプログラミング因子についても同様に考えることができる．

13.3.3 *c-Myc*

細胞増殖，細胞分化，代謝など細胞の多彩な機能に関与している．一般的に活発に増殖している細胞では発現が高く，iPS細胞も例外ではない．リプログラミング因子から*c-Myc*を除いて体細胞へ遺伝子導入を行うと，iPS細胞の樹立効率は低下する．一方で，*c-Myc*は*Wnt*遺伝子由来のWNT3aを培養液に添加することによって代用できることから，iPS細胞の樹立に*Wnt*シグナル伝達経路が関与している可能性を示唆している．

13.3.4 *Klf4*

*Oct3/4*と*Sox2*の複合体と結合して，体細胞のリプログラミングを促す．前述したように，*Klf4*遺伝子は*Nanog*遺伝子の導入によっても代用できる．*Klf4*は*Trp53*のプロモーターと直接結合して，*Trp53*の転写を阻害する．*Trp53*遺伝子の翻訳産物はP53であり，*Klf4*はP53の産生を抑制することでiPS細胞の効率的な樹立に関与している．

13.3.5　*Nanog*

Oct3/4 や *Sox2* と連動して，iPS 細胞の自己増殖と多能性維持に作用する重要な因子である．マウスやヒトでは iPS 細胞の樹立に必須の因子ではないが，動物種によっては 4 つのリプログラミング因子に加えて，この遺伝子を導入することによって樹立効率が高まる．一般的に，*Nanog* は iPS 細胞の樹立効率を高め，多能性幹細胞に特徴的なコロニー形成を促すと考えられている．

13.3.6　*Glis1*

成熟途上の卵母細胞や未受精卵の細胞質内に多量に存在するが，ES 細胞では発現が低い．体細胞に *Oct3/4*，*Klf4*，*Sox2* に加えて *Glis1* 遺伝子を導入すると，iPS 細胞の樹立効率は 10 倍高まり，iPS 細胞の腫瘍化も低下する．

13.4　マウスとヒト以外の動物種における iPS 細胞の樹立

マウスの場合には，体細胞にリプログラミング因子を導入すれば，系統間による差はあるものの安定して iPS 細胞株を樹立できる．ヒトの場合も，iPS 細胞株の形態はマウスと異なるが，技術的にはマウスと同様の手法によって株の樹立は可能である．しかし，それ以外の動物種では iPS 細胞を樹立する方法は確立されていない．これまでに報告のある iPS 細胞株とマウスの iPS 細胞株との大きな違いは，①多能性マーカーの発現の差異，②導入したリプログラミング因子のサイレンシング機構の欠如，③多能性細胞分化能の差異（胚様体およびテラトーマ形成能の差），④キメラ形成能および生殖細胞への形成能などがあげられる．多能性幹細胞としての必須条件を十分に満たしておらず，動物種によって，また同一の動物種間においても iPS 細胞株の性質は異なっている（**表 13.1**）．

樹立された iPS 細胞の形態は，マウスのものとは大きな違いがある．前述のように，マウスでは培養皿上に形成されるコロニーはドーム状に盛り上がった形態（ナイーブ型）をしているのに対し，それ以外の動物種では扁平な形態（プライム型）が出現する（図 13.3 参照）．興味深いことに，マウス ES 細胞は LIF 存在下ではナイーブ型の形態をしているが，成長因子 FGF2 を含む存在下で培養するとプライム型の EpiS 細胞に変わる[12]．一方，EpiS 細胞からナイーブ型 ES 細胞への変換は，LIF が存在する ES 細胞培養用の培養液で 14～35 日間培養する

表 13.1　種々の哺乳動物における iPS 細胞株の作出

動物種	ベクター	コロニー形状	多能性マーカー	キメラ形成能	備考*	文献
ヒト	レトロウイルス	プライム	SSEA3, SSEA4, TRA-60, TRA-81	テラトーマ	mOKSM	Takahashi et al. (2007)
	レトロウイルス	プライム	SSEA3, SSEA4, TRA-60, TRA-81	テラトーマ	hOS + hNANOG + hLIN28	Yu et al. (2007)
	レトロウイルス	ナイーブ	XaXa, LIF/STAT signaling	N/A	mKOKSM + iMEK + iGSK3 + Frk	Hanna et al. (2010)
アカゲザル	レトロウイルス	プライム	SSEA4, TRA-60, TRA-81	テラトーマ	mkOKSM	Liu et al. (2010)
マーモセット	レトロウイルス	プライム	SSEA4, TRA-81	テラトーマ	hOKSM	Wu et al. (2010)
ラット	レトロウイルス	ナイーブ	SSEA1	テラトーマ，キメラ	mOSK + iMEK + iGSK3 + iTGFr	Li et al. (2009)
ウサギ	レンチウイルス	プライム	SSEA1, SSEA4	テラトーマ	hOKSM	Honda et al. (2010)
	レンチウイルス	ナイーブ	N/A	N/A	hOKSM + Frk + iGSK3 + iCDK + LIF	Honda et al. (2013)
ブタ	レンチウイルス	プライム	SSEA1	テラトーマ	hOKSM	Ezashi et al. (2009)
	レンチウイルス	ナイーブ	SSEA1	テラトーマ	hOKSM	Telugu et al. (2011)
	レトロウイルス	ナイーブ	SSEA1, SSEA3, SSEA4, XaXa	キメラ（胎子）	hOKSM + pLIF + Frk	Fujishiro et al. (2013)
ウシ	レトロウイルス	プライム	SSEA4	テラトーマ	hOKSM + hNANOG	Sumer et al. (2011)
	プラスミド	ナイーブ	SSEA3, SSEA4, TRA-60, TRA-81	テラトーマ	bOKSM + iMEK + iGSK3 + LIF	Huang et al. (2011)
ヒツジ	レンチウイルス	プライム	SSEA4	テラトーマ	mOKSM	Li et al. (2011)
	レトロウイルス	プライム	N/A	テラトーマ，キメラ	mOKSM	Sartori et al. (2012)
ウマ	トランスポゾン	プライム	SSEA1, SSEA4, TRA-60, TRA-81	胚様体，テラトーマ	Moksm + LIF + bFGF + iGSK3 + iMEK + iTGFr	Nagy et al. (2011)
ヤギ	レンチウイルス・プラスミド	ナイーブ	SSEA1, TRA-60, TRA-81	テラトーマ	mOKSM + hTERT + SV40T	Ren et al. (2011)
イヌ	レンチウイルス	ナイーブ	SSEA4, REX 1	胚様体，血小板	hOKSM	Nishimura et al. (2013)
ユキヒョウ	レトロウイルス	プライム	SSEA4	テラトーマ	hOKSM，絶滅危惧種	Verma et al. (2012)

N/A：未検討．XaXa：2 つのアクティブな X 染色体をもつ．

*m：マウス，h：ヒト，mk：サル，p：ブタ，b：ウシ，O・K・S・M：導入したリプログラミング因子；O：*Oct3/4*, K：*Klf4*, S：*Sox2*, M：*c-Myc*, iMEK：MEK inhibitor (PD0325901), iGSK3：GSK3 inhibitor (CHIR99021), iTGFr：TGF β receptor inhibitor (A-83-01), Frk：フォルスコリン，iCDK：CDK inhibitor (Kenpaullone), LIF：luekemia inhibitory factor, hTERT：human telomerase gene, SV40T：SV40 large T antigen gene.

必要がある．マウス以外の動物では，動物ごとに培養条件は異なるが，一般的には細胞分化の阻害剤 LIF およびアデニレートシクラーゼを活性化するフォルスコリン（forskolin）を加えて培養すると，ナイーブ型のコロニーが出現することが報告されている[13)]（表 13.1）．しかしこれらの細胞株では，ナイーブ型のマウス ES 細胞のようにキメラ形成能に関する検証は不十分である．マウス以外の動物種において，キメラ形成能や生殖細胞への分化能に限界があるナイーブ型の iPS 細胞は， iPS 細胞の実用面での応用の幅を狭める．この意味で，プライム型からナイーブ型への iPS 細胞の変換は重要な課題となっている．

13.5 iPS 細胞の細胞分化

マウスにおいて，発生の過程で生殖細胞を形成していく生殖系列の細胞は，妊娠 6 日目の胚内に存在するエピブラストが胚体外胚葉（extra-embryonic ectoderm）から分泌される BMP4 からの分化誘導の刺激を受けて，妊娠 7.25 日には胚体中胚葉の領域でアルカリフォスファターゼ活性を有する始原生殖細胞（primordial germ cells, PGC）へと分化する．この細胞分化には，BMP4 に応答した PGC 誘導因子 BLIMP1 と PRDM14 による発現制御が必須である[14)]．

上記のようなメカニズムの解明をベースとして，マウス iPS 細胞からアクチビンと bFGF が存在する体外培養下でエピブラスト様細胞を誘導し，ついで BMP4, LIF, SCF, EGF などのサイトカインの存在下で PGC が誘導されている．この PGC をヌードマウスの精巣内に注入して，精子形成を誘導し，得られた精子細胞から顕微授精（ICSI）によってマウス個体が作製されている[15)]．さらに，iPS 細胞からエピブラストを介して PGC を誘導するための必須の因子であった BLIMP1 と PRDM14 に加えて，新たに TFAP2C（AP2γ）を加えることによって，これまでより効率的に PGC を誘導することが可能になった[16)]．また同様の手法を用いて，雌の iPS 細胞からエピブラストを経て PGC を誘導し，これらの細胞を体内の卵巣に戻し，卵子形成を誘導することも可能になった[17)]．得られた PGC は，その後の生殖細胞への分化の過程で，生殖細胞に特徴的なインプリンティングの消去と刷り込みも正常に起こり，ICSI や体外受精による産子の生産も可能になっている．

iPS 細胞から各種の細胞に分化させるための現実的な方法は，iPS 細胞から生殖細胞への分化誘導と同様に，目的とする細胞の基幹細胞となる体性幹細胞へ分化誘導することである．例えば，iPS 細胞からつくる体細胞の最終ゴールが赤血球であれば，まず血液幹細胞をつくる必要がある．血液幹細胞への細胞分化については これまで多くの研究蓄積があるので，その細胞分化過程の複数のマーカーを使って，分化誘導後の iPS 細胞の選抜を行う．各ステップの誘導因子に関する情報が多ければ多いほど，目的とする細胞へ到達する可能性は高まる．再生医療の臨床的な観点からは，最終的な目的細胞へ到達しなくても，iPS 細胞から分化した体性幹細胞を体内に戻せば，目的とする細胞に自然の経路を使って分化させることも可能であろう．しかし細胞の多様な分化能は，iPS 細胞の多能性幹細胞としての質とも関係しているといわれている．この意味では，今後プライム型よりもナイーブ型の iPS 細胞の樹立技術の確立が望まれる．

13.6 iPS 細胞の利用と残された課題

iPS 細胞に対して，再生医療やオーダーメイド治療など，ヒト医療への今後の応用と発展に関する期待は大きい．また，マウスの iPS 細胞を利用した基礎研究も研究基盤として重要であろう．一方，ヒトやマウス以外の動物種における iPS 細胞の利用を考えた場合，生殖細胞を介した個体形成が大きな意義をもつ．家畜では，これまで個体形成能を有する多能性幹細胞として ES 細胞の樹立に大きな期待がかけられてきた．iPS 細胞の登場によってその期待は iPS 細胞にも向けられているが，これに応えるためにはナイーブ型の iPS 細胞が必要になる．

高度な多能性分化能をもつ iPS 細胞は，マウスの ES 細胞で開発されている遺伝子ターゲティングの手法（11 章参照）を介して，家畜のゲノム改変を伴う全く新しい家畜改良手段を提供する．また，高度な多能性をもつ iPS 細胞は，イヌやネコなどの伴侶動物の再生医療への応用であり，ヒト再生医療へのトランスレーショナルリサーチとしての意義もある．マウスのように，iPS 細胞から生殖細胞への分化誘導が体外で可能になれば，個体数が絶対的に少なく，従来の技術では困難であった絶滅危惧種の個体レベルでの保全技術開発への期待も高まる．これらの応用のためには，これまで iPS 細胞の樹立に成功していない動物種における，体細胞のリプログラミングのメカニズムの理解が必要である．［**今井　裕**］

文　献

1) Gurdon, J. B.：*J. Embryol. Exp. Morphol.*, **10**, 622-640（1962）.

2) Tada, M. et al. : *Curr. Biol.*, **11**, 1553-1558 (2001).
3) Wilmut, I. et al. : *Nature*, **385**, 810-813 (1997).
4) Takahashi, K. and Yamanaka, S. : *Cell*, **126**, 663-676 (2006).
5) Okita, K. et al. : *Nature*, **448**, 313-317 (2007).
6) Takahashi, K. et al. : *Cell*, **131**, 861-872 (2007).
7) Takahashi, K. et al. : *Nat. Protoc.*, **2**, 3081-3089 (2007).
8) Li, W. et al. : *Cell Stem Cell*, **4**, 16-19 (2009).
9) Zhou, H. et al. : *Cell Stem Cell*, **4**, 381-384 (2009).
10) Bao, X. et al. : *Curr. Opin. Cell Biol.*, **25**, 208-214 (2013).
11) Hou, P. et al. : *Science*, **341**, 651-654 (2013).
12) Najm, F. J. et al. : *Cell Stem Cell*, **8**, 318-325 (2011).
13) Hanna, J. et al. : *Proc. Natl. Acad. Sci. U S A*, **107**, 9222-9227 (2010).
14) Vincent, S. D. et al. : *Development*, **132**, 1315-1325 (2005).
15) Hayashi, K. et al. : *Cell*, **146**, 519-532 (2011).
16) Nakaki, F. et al. : *Nature*, **501**, 222-228 (2013).
17) Hayashi, K. et al. : *Science*, **338**, 971-975 (2012).

14

核　移　植

14.1　クローン動物の歴史

植物やプラナリアなど原始的な動物は体の一部から再び体全体をつくることが可能であり，新たにつくられた体をオリジナル（ドナー）のクローンと呼ぶ．しかし魚類以上の高等動物ではクローン個体は生まれないため，20 世紀初頭まで高等動物の分化した体細胞は，その機能維持に必要な最低限の遺伝情報しか保持していないのではないかと考えられていた．分化した細胞がすべての遺伝情報を保持していることを証明するため，1938 年に Spemann がイモリを用いて初めての核移植を試みたが，当時の研究器具や顕微鏡および胚に関する知識では実験を完成させることはできなかった．

その後，1952 年にカエルを用いた実験で，Briggs と King は胞胚期の細胞をドナーとして，核移植によってオタマジャクシをつくることに成功した．そして 1962 年に Gurdon は，さらに発生の進んだオタマジャクシの小腸細胞核をドナーとして核移植を行い，生殖能力のあるカエルを得ることに成功した．高等動物の分化した体細胞にもすべての遺伝情報が保持されており，それらの細胞が再び受精卵の状態に戻ることができると証明されたのである．Gurdon はこの業績により 2012 年，iPS 細胞をつくった山中博士とともにノーベル賞を受賞している．しかし，成体の皮膚細胞からつくったクローン胚はオタマジャクシまでしか発生できず，成体への変態直後に死亡してしまった．現在も，成体の体細胞から成体のクローンカエル作出には成功していない[1]．

哺乳動物における核移植の最初の試みは，1981 年に Illmensee と Hoppe が発表したが，その後 Illmensee 自身も含め誰も再現できず，今では捏造だったのではないかと考えられている．そのため，再現性があり信用されている哺乳類初の核移植の論文は，1983 年の McGrath と Solter の報告とされている[2]．この論文

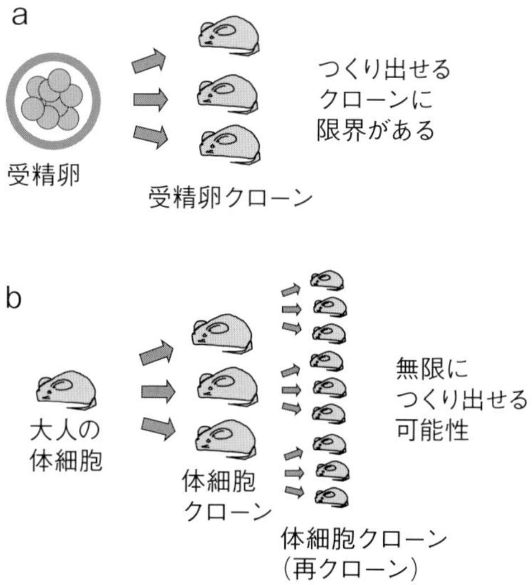

図 14.1　受精卵クローンと体細胞クローン
a：受精卵クローンは受精卵の 1 つの細胞をドナーとし提供できる細胞に限りがあるため，つくり出せるクローンにも限界がある．
b：体細胞クローンは分化した体細胞の様々な部位からつくることができるため，ドナー細胞はいくらでも利用可能である．それどころか生まれたクローンをドナーとして再びクローンをつくることも可能であり，理論上無限にクローン動物をつくり出すことが可能となる．

では，1 細胞期胚の核を別の 1 細胞期胚の核と置き換えただけだが，アクチンの重合阻害剤を利用して細胞を柔らかくし，受精卵の核を細胞膜を破らずに抜き取り，次にドナー細胞と除核受精卵とをセンダイウイルスで細胞融合させるという，現在も広く使われている方法を考え出した．

その後哺乳類の核移植の研究は，マウスは扱いやすく実験が容易で，しかも胚の培養など基礎研究が進んでいたにも関わらず失敗続きで進展せず，体が大きくて実験が大変な家畜の方で先行し始めた．1986 年，Willadsen らはヒツジの 4〜8 細胞期胚の割球を除核未受精卵へ移植して，クローン羊をつくることに成功した．除核した受精卵ではなく除核した未受精卵をレシピエントとして用いることが，成功の鍵だったようである．カエルの研究でもレシピエントは受精卵より未受精卵の方が適していると報告されていることから，現在ではほとんどの核移植で除核した未受精卵が使われている．1989 年にはブタの 4 細胞期胚やヒツジの 16 細胞期胚からクローンをつくることに成功している．それに対してマウスは，1993 年になってようやく 8 細胞期胚からクローンマウスをつくることに成功した．これら一連の研究はすべて受精卵の細胞をドナーとしていることから，受精卵クローンと呼ばれている[3)]（**図 14.1a**）．

一方，生まれた子どもや大人の体の細胞をドナーとする場合は，体細胞クローンと呼ばれている（図 14.1b）．現在では当たり前の体細胞クローンだが，Gurdon らのカエルの研究によって，ドナー細胞が未分化状態（つまり受精卵の細胞）ならクローンの作出は可能だが，完全に分化してしまった体細胞の核からクローン動物をつくることは不可能だと考えられていた．そのような状況下でWilmutらは1996年に，ヒツジの胎児から取り出した分化細胞をドナーとして哺乳類初の体細胞クローンをつくることに成功した．しかし胎児由来の体細胞は，いわばオタマジャクシの体細胞と同じであり，この論文はあまり注目されなかった．しかしWilmutらはこのときの技術をもとに，翌1997年，カエルの実験でも不可能だった大人の体細胞から世界初の体細胞クローン動物の作出に成功し[4]，「クローンヒツジのドリー」として有名になった．この論文以降，大勢の研究者がこぞって違う動物種の体細胞クローンの作出を試み，翌年にはマウスのクローンが報告され[5]，今では実験可能な動物種のほとんどで体細胞クローンに成功している[6]．1998年のマウスのクローンでは，ピエゾマイクロマニピュレーターを用いて卵子細胞膜を破り，体細胞の核を卵子細胞質内へ直接注入する新しい核移植方法が用いられている（**図14.2**）．

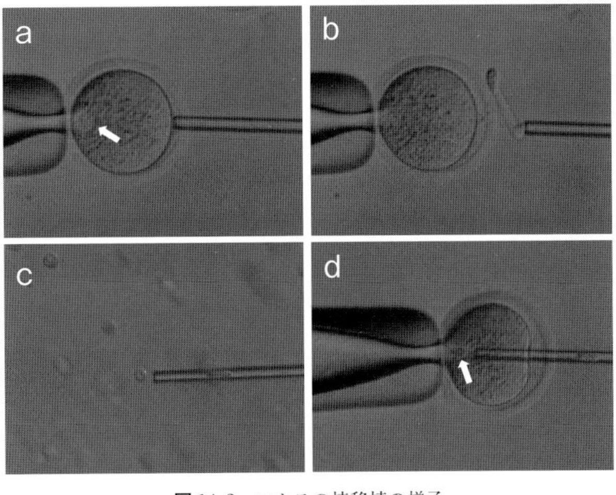

図14.2　マウスの核移植の様子

a：卵子から染色体（紡錘体）を除くところ．矢印が卵子の紡錘体．
b：紡錘体を取り除いた瞬間．ピペットから吐き出した細長いものが卵子の紡錘体．
c：体細胞を細いピペット（約6 μm）の中に吸い込むところ．ピペットの中には先に吸い込んだ別の体細胞の核が入っている．
d：体細胞の核をaで紡錘体を取り除いた卵子の中へ注入した瞬間．矢印は注入した体細胞の核．

14.2　クローン動物の異常

ドリーが発表された直後は，クローン動物はオリジナルの完全なコピーだと信じられていた．しかし研究が進むにつれ，クローン動物にはオリジナルにはない様々な異常が見つかってきた．クローン胚やクローン産子で網羅的遺伝子発現解析を行うと，例外なくすべてで多数の遺伝子の発現異常が見つかる．分化した体細胞は，核移植される直前までその細胞が属していた組織内で特殊な形態と遺伝子発現をしているが，核移植によって体細胞核が卵子内へ移されると，体細胞核は直ちにそれらの発現を止め，そして受精卵と同じように発生に必要な遺伝子発現を始めなければならない．一般にこの変化をリプログラミング（初期化）と呼んでおり，クローンの異常はこのリプログラミングが異常あるいは不完全だったために生じているのだと考えられている．おそらく，卵子内に含まれるリプログラミング因子によりドナー核の初期化がうまくいったクローン胚だけがクローン個体として発育できるのだと思われるが，リプログラミングがどのようなメカニズムなのかは現在もよくわかっていない[1)]．

リプログラミングの異常とは主にエピジェネティックな異常のことであり，卵子へ移植された体細胞核のDNAやヒストンの修飾が，受精卵のものとは異なっている状態のことである．その結果，たとえクローン胚が外見上はきれいな胚盤胞期まで発生しても，内部細胞塊で発現する *Oct4* 遺伝子と栄養外胚葉で発現する *Cdx2* 遺伝子の発現パターンが異常になったり，DNAメチル化の程度が受精卵に比べて異常に高くなったりする[7)]．また初期化異常は特定の遺伝子に偏って起こる傾向があり，中でもX染色体が過剰に不活化してしまう異常は従来の核移植技術では修正できず，X染色体不活化遺伝子 *Xist* のノックアウトあるいはRNAiの注入による過剰な *Xist* のノックダウンが必要である．おそらくこのエピジェネティック異常により，クローン動物の多くは出産前に流産し，たとえ生まれてきても胎盤の肥大化（**図14.3a**）や肥満になるもの（図14.3b），短寿命などの症状が出る場合がある[1)]．

このようにクローン動物には非常に多くの異常が報告されているが，正常と判定される部分もある．テロメアは染色体の末端部にある特徴的な繰り返し配列からなる構造で，DNAの複製（細胞分裂）のたびに少しずつ短くなるため，長さを調べるとその個体の年齢が推測できる．クローン動物がつくられた当初は，た

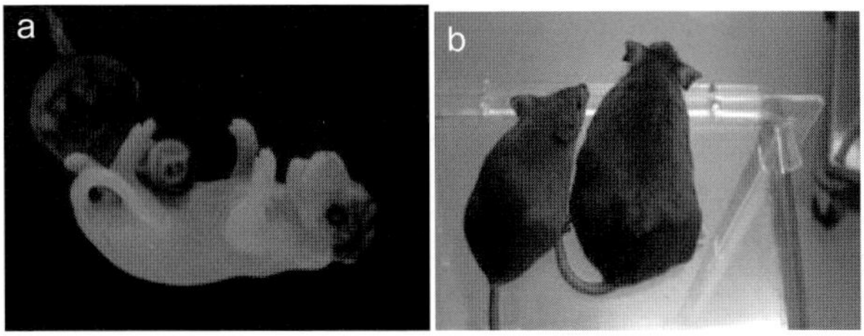

図 14.3 クローンマウスに頻発する異常

a：胎盤の肥大化，腸のヘルニアおよび頭蓋骨欠損が同時に生じたクローンマウス．このような例はめったにないが，胎盤の肥大化はすべてのクローンマウスにみられる．

b：クローンマウスの半数以上は，同じ量の餌を摂取していても太る傾向がある．

とえ生まれた直後の新生子でも，細胞レベルではドナーと同じ年齢ではないかと考えられた．そこでクローン動物のテロメアの長さを調べたところ，ほとんどのクローン動物のテロメアは年齢相応の正常な長さだった．テロメアはリプログラミングによって容易にもとの長さに戻されるのか，あるいはテロメアのリプログラミングに成功したクローン胚だけが個体へ発育できるのかもしれない[8]．

またクローン動物のエピジェネティック異常は子孫へ伝わらないことから，体内で生殖細胞がつくられるとき，その自然な初期化作用によってエピジェネティック異常は修正されていると考えられている[9]．そのため，たとえクローン動物が異常で妊娠中期に死亡したとしても，そこから生殖細胞を取り出し異種移植などの方法で成熟させ精子や卵子をつくり出せれば，体外受精により次世代の正常な個体をつくり出せる．現在の不完全なクローン技術でも，絶滅危惧種などには応用できるだろう．

一方，遺伝的な原因による異常も報告されている．初期胚での染色体分離不全といった致死性の異常もあれば，ドナー細胞の Y 染色体が何らかの理由で欠損しオスからメスのクローンが生まれてきた例もある[10]．もしこれを人為的に起こすことができれば，オスしか生き残っていない絶滅危惧種の救済に使えるだろう．

14.3 成功率改善の試み

クローン技術を農業や医療へ応用するためには，成功率を大きく改善しなければならない．そこで，成功率改善あるいはリプログラミング促進を目標に様々な研究が行われた．Wilmut らがドリーをつくることに成功した秘訣は，核移植の前に体細胞を血清不含培地で培養することで飢餓状態にし，細胞周期を G0 期に調節したことだとされた．しかしその後の研究で，血清入りの培地および G1 期のドナー細胞からでもクローン動物が生まれており，細胞周期の調節だけではクローン動物の成功率をあまり改善できないと考えられている．臓器あるいは細胞の種類によってクローン動物の成功率が異なるのであれば，クローン動物作出に最適な臓器，細胞を見つけ出すことで成績改善が期待できる．しかしこれまでのところ，臓器，細胞の種類，動物の系統を変えてもクローン個体の成功率はあまり改善できていない[1)]．

核移植技術そのものの改善も多数試みられてきた．核移植の定法は，最初に卵子の核を除き，ドナー細胞の核を導入しているが，除核の際にリプログラミングに重要な因子も除去している可能性がある．そこで最初に体細胞核を卵子へ導入し，リプログラミングされた後で卵子の核を除く方法が試みられた．また，核移植後卵子は人為的に活性化しなければならないが，その人為的活性化方法が不完全なリプログラミングを引き起こしている可能性を考え，核移植後に精子と受精させ，卵子が十分に活性化した後で精子の核を除く方法も試みられた．こういった試みにもかかわらず，ドリーの誕生から 10 年近くたっても，クローン動物の成功率の改善あるいはリプログラミングの促進には誰も成功せず，リプログラミングを技術的な面から改善することは不可能かと思われた[6)]．ところが，卵子活性化の際に誰もが普通に使っていた試薬を詳しく調べたところ，わずかながら細胞毒性が見つかった．代わりにより毒性の少ない試薬を使ってみたところクローンの成功率が改善され，従来の核移植技術の工程をもう一度詳しく検討する必要が出てきた[11)]．

2006 年になってようやく，ヒストン脱アセチル化酵素の阻害剤（HDACi）を培地に加えることによって，クローンマウスの成績を 5 倍にまで高めることに成功した[12)]（**図 14.4**）．それまで近交系のクローンマウスはつくることができなかったが，HDACi を用いることで多くの近交系でクローン個体の作出が可能になった[6)]．これは，HDACi がクローン胚のヒストンアセチル化レベルを高くし，結果的にクローン胚の異常な DNA メチル化を抑制し，リプログラミングおよび正常な遺伝子発現を促進したためだと推察される．また，前述した X 染色体の過剰な不活化を *Xist* の siRNA 注入によって予防する方法では，雄のクローンマウスの成功率が約 10 倍にまで増加している．まだ雄に限定されている方法だが，これだけの成績が確実に出せるようになれば，クローン技術が実用化される日も近いと思われる．一方で，ヒストンメチル基転移酵素を薬剤で阻害し，強制的にクローン胚のエピジェネティック異常を部分的に修正してもクローンマウスの出産率は変わらない[11]．クローン動物の低い成功率は，エピジェネティック異常だけでは説明できないところもあるようである．

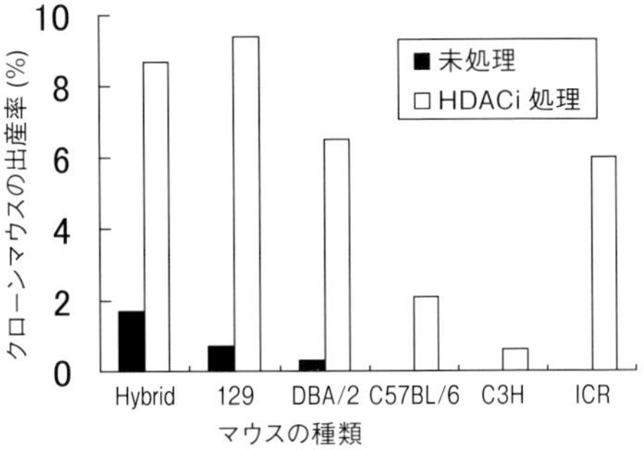

図 14.4　ヒストン脱アセチル化酵素の阻害剤による成功率の改善
クローンマウスにはエピジェネテック異常がみられるため，それを修復する働きのある酵素，ヒストン脱アセチル化酵素（HDACi）を培地に加えると成功率は大きく改善される．近交系マウスのクローンは従来法ではつくることができなかったが，HDACi の添加により作出可能となった．

14.4　核移植技術の応用

核移植技術は，農業分野では家畜の生産効率の改善や品種改良の促進へ応用できると期待されている．ペット産業では，すでにイヌやネコのクローンを目的としたベンチャー企業がつくられている．医療分野では，遺伝子改変した細胞をドナーとしてクローン家畜をつくり，ウシの乳汁にヒトホルモンを生産させたり，異種間臓器移植用に免疫拒絶反応のないブタをつくる手段として考えられている．

またクローン技術ならではのテーマとして，絶滅動物のクローン復活がある．今の段階では現実味がない夢物語だと思えるかもしれないが，同じく夢物語だったクローン動物の作成が可能になった今，近い将来実現するかもしれない．絶滅種あるいは絶滅危惧種のクローン動物をつくるためには，卵子の提供や妊娠出産を行うメスは近縁種を利用しなければならない．そのため異種間での核移植実験はすでに多数行われており，比較的近い種間であればクローン個体の作出が可能なことがわかってきた[1]．

すでに絶滅してしまった動物種の場合は，もう 1 つ大きな問題，すなわちドナー動物がすでに存在しないことが残っている．しかし，長期間凍結保存されてい

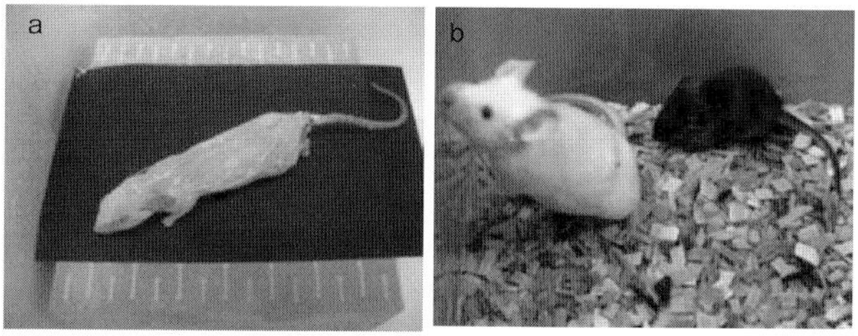

図 14.5　16 年間凍結保存されていたマウスの死体から産まれたクローンマウス
a：16 年間，−20℃で凍結されていたマウスの死体.
b：その死体からつくったクローンマウス（右）と，ホスターマザー（左の白マウス）.

たマウスの死体やウシの臓器からでも健康なクローン動物の作出には成功しており，たとえ細胞が死んでいても核が壊れていなければ，クローン動物の作出が可能なことがわかってきた（**図 14.5**）. シベリアの永久凍土から保存状態のよい組織が発見されれば，マンモスの復活も夢ではないだろう[13].

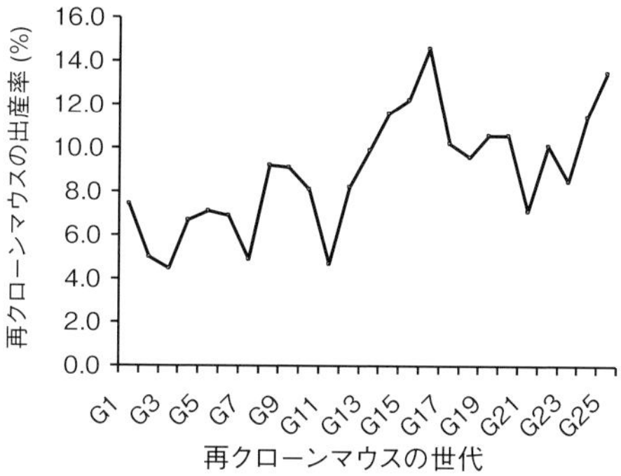

図 14.6　再クローンマウスの世代ごとの出産率
ドナーマウスの体細胞からつくったクローンマウスをドナーとして，再びクローンマウスをつくる．これを再クローンマウスと呼び，何回まで繰り返すか試してみたが，今のところ限界はないようにみえる.

一方，クローンの成功率が低い現状でも，クローン動物をほぼ無限につくり出す方法として再クローン技術がある．クローン動物の体細胞からクローンを再びつくり出すことができれば，たとえドナー動物が死んでしまってもクローン動物が新たなドナーとなるので，何度でも核移植が可能となる．ウシやネコ，ブタなどの再クローンは数回しか成功していないが，マウスの再クローンは 25 回以上可能であり（**図 14.6**），1 匹のドナーマウスから合計 500 匹程度クローンマウスをつくることに成功している[8]．再クローンマウスには初期化異常が蓄積しないことがわかっており，無限にクローンをつくり続けられるかもしれない.

14.5 クローン ES 細胞について

体細胞から患者自身の ES 細胞をつくり出し，再生医療へ応用しようというアイデアはかなり古くからあった．そのため，最初のクローン動物ドリーの成功が発表された翌年には早くも ES 様細胞の報告があり，2001 年には ES 細胞の定義（多能性をもち，生殖細胞へも分化できること）を完全に満たした ES 細胞が樹立された[14]．体細胞からつくられた ES 細胞は，受精卵由来の ES 細胞と区別するためにクローン ES 細胞と呼ばれている．クローン ES 細胞の樹立成績はクローン個体の作出成績より 10 倍近く高いのだが[3]，ヒトのクローン ES 細胞の樹立は非常に難しく，2013 年になってようやく成功した[15]．

クローン ES 細胞の一番の目的は，再生医療への応用である．マウスを用いたモデル実験では，免疫不全マウスやパーキンソン病マウスの尻尾の細胞からクローン ES 細胞を樹立し，それをリンパ球や神経細胞へ分化させ同じ病気のマウスへ移植して治療に成功している．同様に，生殖細胞を完全に欠損していた不妊のミュータントマウスや超高齢で不妊になったマウスの尻尾からクローン ES 細胞を樹立し，キメラマウスを作成して交配することで，これらの不妊マウス由来の子孫をつくることに成功している．クローン ES 細胞をドナーとして，もう一度核移植してクローン動物をつくることも可能である．この方法では成功率そのものは改善できないが，有限だったドナー細胞が無限に利用可能となり，結果として多数のクローン個体をつくることが可能になる[6]．

このようにクローン ES 細胞には非常に高い価値があるのだが，ヒトへ応用することを考えた場合，大きな倫理問題が生じてしまう．それはクローン技術には健康な若い女性から多数の卵子を採取しなければならないという点である．2005 年に発表されたヒトクローン ES 細胞の論文（のちに捏造だったことが発覚しこの論文は取り下げになった）では，若い女性研究員が強制的に卵子を採取されたという，信じられないような問題も発覚している．

これに対し，山中伸弥博士らの発表した iPS 細胞には倫理問題がなく，技術的には核移植よりはるかに容易で，もはやクローン ES 細胞は必要ないとまで考えられたこともある．だが，クローン ES 細胞には iPS 細胞にはない利点がいくつも存在する．例えばクローン ES 細胞の樹立成績は 20～50％であり，iPS 細胞よりはるかに高い．理論的にはドナー細胞が 2～5 個あれば，ntES 細胞株を 1 株つくることができるのである．体内にほんのわずかしか存在しない特殊な細胞や，前述の絶滅動物の核移植のように，死んだ細胞からでもクローン ES 細胞の樹立は可能となる．また，卵子を使うことは欠点である反面，核移植した体細胞核の初期化は卵子細胞質によって行われるため，クローン ES 細胞と受精卵由来 ES 細胞の間には差がほとんどみられない．それに対して，iPS 細胞は薬品や外来遺伝子による人為的で強引なリプログラミングのため，受精卵由来の ES 細胞に比べエピジェネティック異常が多い[15]．

倫理問題の解決方法としては，不妊治療の病院で受精に失敗し廃棄されている卵子や多精子受精卵を利用する方法も報告されている[6]．しかし，クローン ES 細胞の樹立に必要な核移植技術の修得は非常に難しいことから，クローン ES 細胞技術は再生医療よりも，むしろ核のリプログラミングの研究や絶滅動物の復活の手段として利用されるのではないだろうか．　［**若山照彦**］

文　献

1) Cibelli, J. et al.（eds.）：Principles of Cloning, Second edition. Academic Press（2013）.
2) McGrath, J. and Solter, D.：*Science*, **220**, 1300-1302（1983）.
3) 若山照彦：哺乳類の生殖生化学（中野　寛・荒木慶彦編），pp.407-432，アイピーシー（1999）.
4) Wilmut, I. et al.：*Nature*, **385**, 810-813（1997）.
5) Wakayama, T. et al.：*Nature*, **394**, 369-374（1998）.
6) Thuan, N. V. et al.：*J. Reprod. Dev.*, **56**, 20-30（2010）.
7) Yang, X. et al.：*Nat. Genet.*, **39**, 295-302（2007）.
8) Wakayama, S. et al.：*Cell Stem Cell*, **12**, 293-297（2013）.
9) Fulka, J., Jr. et al.：*Nat. Biotechnol.*, **22**, 25-26（2004）.
10) Inoue, K. et al.：*J. Reprod. Dev.*, **55**, 566-569（2009）.
11) Terashita, Y. et al.：*PLoS One*, **8**, e78380（2013）.
12) Kishigami, S. et al.：*Biochem. Biophys. Res. Commun.*, **340**, 183-189（2006）.
13) Wakayama, S. et al.：*Proc. Natl. Acad. Sci. U S A*, **105**, 17318-17322（2008）.
14) Wakayama, T. et al.：*Science*, **292**, 740-743（2001）.
15) Tachibana, M. et al.：*Cell*, **153**, 1228-1238（2013）.

15

実験動物を用いた発生工学技術開発について

15.1 はじめに

発生工学は，生物の個体発生過程に様々な実験的操作を加えて発生過程を解析し，あるいは改変することを目的とした学問である．哺乳類においては，生殖細胞の発生から受精，そして個体発生まですべて体内で進行するため，単純な胚培養であっても実験的操作を加えていることになる．すなわち，生殖細胞および胚発生のあらゆる時期が発生工学の対象であるといえる．また興味深いことに，これらのうちの多くの発生段階で幹細胞株が樹立されている（**図 15.1**）．こういった幹細胞は，あくまで人工的に作出された細胞株であり，in vivo の性質をある程度維持しつつも，独自の性質も備えている（12，13 章参照）．

新しい発生工学の技術開発に用いる実験用動物は，その時々の入手・取扱いのしやすさや繁殖生理学の知識と経験などにより選ばれる．現在発生工学の新しい

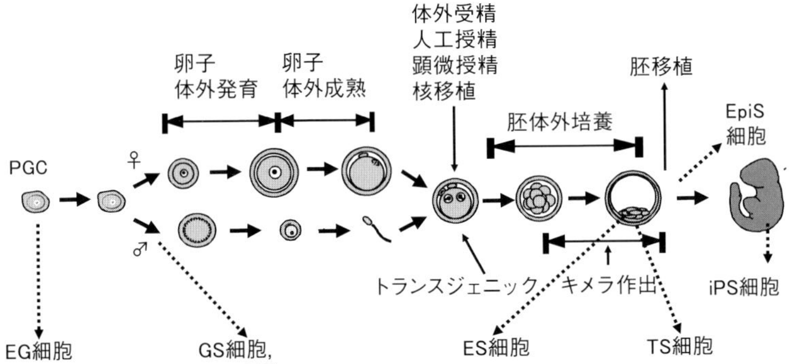

図 15.1　生殖細胞，胚，幹細胞と主な発生工学技術の関係
生殖細胞・胚発生のあらゆる段階が発生工学の対象であり，また数多くの幹細胞株が樹立されていることがわかる．

	動物種	年	
人工授精・出産	イヌ	1700 年代	1. 受精と胚操作技術の確立
胚移植・出産	ウサギ	1890	
体外受精（回収精子）	ウサギ	1951	
体外受精・出産	ウサギ	1959	
体外受精（精巣上体精子）	ハムスター	1963	
胚凍結	マウス	1972	
卵子体外成熟・体外受精・出産	マウス	1972	
EC 細胞（キメラ）	マウス	1976	2. マウスの遺伝子工学への応用
トランスジェニック動物	マウス	1980	
ES 細胞（キメラ）	マウス	1984	
遺伝子ターゲティング KO 動物	マウス	1989	
EG 細胞	マウス	1992	
GS 細胞	マウス	2003	
iPS 細胞	マウス	2006	
顕微授精・出産	ウサギ	1988	3. 高度な顕微操作技術
成体体細胞クローン・出産	ヒツジ	1997	
二母性個体・出産	マウス	2004	

図 15.2　哺乳類の発生工学の発達と用いられた動物種の関係
発生工学の黎明期にはウサギが多く用いられた．これは，家畜としてのウサギの繁殖・育種技術が確立していたことと，適度な大きさ，交尾排卵，短い妊娠期間（約 1 か月）などの特性が利用されたためと考えられる．マウスは，遺伝学的統御の確立および遺伝子工学の発達により，1970 年代以降急速に発生工学分野に普及した．

技術の多くはマウスで開発されているが，歴史的には受精や胚に関連する基本的な技術はマウス以外の動物で開発されてきた（**図 15.2**）．例えば，20 世紀中頃までの発生工学の研究にはウサギが頻用されている．これは，ウサギがもともと家畜として育種され，その繁殖のノウハウが蓄積されていたことが理由の 1 つである．一方，マウスの実験動物としての歴史はすでに 100 年を超えるものの，マウスが発生工学の世界で多く使われるようになったのは 1970 年代ころからである．この時期に系統マウスがほぼ整備され，さらに 1980 年代にマウス遺伝子工学が発達したことにより，近年の発生工学の主流を占めるに至っている．ただし，顕微授精と体細胞核移植クローンに関しては，マウス卵子の特殊な性状（5，14 章参照）により，他の動物に最初の成功例を譲っている（図 15.2）．発生工学領域，ひいては基礎医学・生物学全般における実験動物としてのマウスの優位性は，再現性の高いノックアウト動物の作出にあったが，近年は ES 細胞を経由しないノックアウト動物の作出法も極めて効率的になっている（11 章参照）．この技術は今後一気に多種類の哺乳動物に広がることは間違いなく，マウスの「一人勝ち」「一極集中」状態はやや軽減されるかもしれない．

15.2　実験動物における発生工学技術開発の現状と課題

医学・生物学領域で用いられている実験動物は，おおよそ小型齧歯類（マウス，ラット），中型動物（イヌ，ブタ），そして霊長類に分類できる．現代の先端的な発生工学技術は，通常まずマウスで開発され，それが他の動物へ応用されていく．そして中型動物や霊長類が用いられる実験の多くは，ヒトへの応用が意識されたものである．本書で解説されているように，主な発生工学技術のほとんどはすでに実用レベルにある．しかし一方で，なかなか実用化にまで至らない技術，あるいはマウスでのみ実用レベルの技術も存在する．以下，現在開発途上であるものの，今後の技術開発が進めば基礎生物学および産業・医学応用の両方でインパクトの大きい課題をあげてみた．なお，すでに別章で解説されている項目については，できるだけ簡略化した．

15.2.1　体外における生殖細胞発生

詳しくは 5，16 章参照のこと．基本的にはマウスを用いた研究が大きく先行しており，他の動物種では目立った進展が少ない．この技術における最大の壁は，①減数分裂，②卵子の発育（細胞質の増大），③減数分裂後の精子完成である．これらの発生プロセスについては，マウスでさえも，in vivo の環境あるいは特殊な組織培養を利用せざるをえない状況である．また，精子は精子形成が終わった後も，精巣上体で成熟しないと自ら受精する能力は獲得できない．今後，1 つ 1 つの発生段階を取り上げて，丁寧に in vitro で再現する研究を進めることが重要である．これらを積み重ねることで，たとえ産子が得られなくても，生殖細胞発生の仕組みが徐々に明らかになっていくはずである．また，現在ほとんど情報が蓄積されていない種間差についても研究を詰めていく必要がある．

15.2.2　体細胞クローンの高効率化

詳しくは 14 章参照のこと．最初の本格的核移植クローン実験に用いられたカエルと異なり，哺乳動物では成体の体細胞からもクローン動物が得られている．

しかし，哺乳動物の胚は着床時に大規模なエピジェネティック変換（DNA メチル化，ヒストンメチル化，X 染色体不活化機構の変化など．2 章参照）を受けるために，その特性を受け継ぐ体細胞のゲノムが完全な全能性を獲得することはなかなか容易ではない．体細胞核移植クローンで生じるゲノム再プログラム化のエラーは，①時間的あるいは技術的制約で再プログラム化が完了しないエラー（ランダムに生じやすいと考えられる）と，②そもそも卵子では正常な再プログラム化ができないためのエラー（比較的定型的と考えられる）の 2 つに大きく分類される．体細胞クローンの効率化には，これらを区別して解析していくことが重要であると考えられる．その際には，やはりゲノム情報が豊富なマウスが大きな役割を果たしていくと予想される．なお原因は不明であるが，霊長類は例外的に体細胞クローン胚の発生が極めて悪く，クローン胚のほとんどは胚盤胞へ発生する前に停止してしまう．このため，ヒト核移植 ES 細胞はマウスよりも 10 年以上遅れて樹立された[1]．このような状況から，ヒトのクローニング問題は現在ほとんど沈静化しているが，いったん霊長類のクローンが技術的に可能であることが明らかになれば，その規制について改めて世界的な検討が必要となるだろう．

15.2.3 キメラ形成能をもつ多能性幹細胞の樹立（マウスとラット以外）

現在，明確なキメラ形成能を有する多能性幹細胞（いわゆるナイーブ型）を樹立できるのは，マウスとラットのみである．ヒト ES 細胞および iPS 細胞の再生医療研究への利用は進んでいるものの，これらの細胞はすべてキメラ形成能をもたない，いわゆるプライム型の多能性幹細胞である．発生工学分野におけるキメラ形成能の意義は，キメラ動物を経ずにノックアウト動物が作出されるようになった結果やや低下はしているものの，今でも①他種の臓器をもつ動物の作出や，②分化能のより高い多能性幹細胞の指標としての重要性が残されている．①の目的では，マウス-ラット間で実験が成功している[2,3]．理論的にはこの技術を用いてヒト臓器をもつブタの作出が可能になるので，現在その基礎研究が進められている．②は，確実な腫瘍（テラトーマ）形成の抑制が実現すれば，再生医療の応用範囲を拡大すると期待される．このような応用面での期待だけでなく，なぜマウスとラットのみでナイーブ型多能性幹細胞が樹立されやすいのか，生物学的な興味も尽きない．詳しくは，12，13，16 章を参照されたい．

15.2.4 生殖幹細胞の樹立

幹細胞は，自己増殖能と分化能をもつ細胞として定義される．哺乳動物の生体内における生殖細胞のうち，この定義に当てはまる幹細胞は精巣内の精原（精祖）細胞のみである．実際に篠原らは，新生子マウス精巣から，精子へ分化可能な株化幹細胞であるGS細胞の樹立に成功している[4]．2年以上培養下で継代し続けたGS細胞でも，精巣へ戻した後に正常な精子に分化できることも証明されている[5]．残念ながら，現在までにこれほど安定したGS細胞の樹立は，マウス以外では成功していない．

その他，幹細胞樹立の候補となる生殖細胞は始原生殖細胞である．しかし，通常の始原生殖細胞は二倍体ゲノムを維持したまま増殖はするものの，非可逆的なエピジェネティクス的な変化（DNA脱メチル化など．2章参照）を進行させるように運命づけられているために，完全な自己増殖能を付与することは難しい．始原生殖細胞の株化を誘導すると，EG細胞という多能性幹細胞となり，生殖細胞としての性質はほとんど失われてしまう（12，16章参照）．現在，マイクロアレイや次世代シークエンサーを用いて，多能性幹細胞と始原生殖細胞のエピジェネティクスの相違が明らかにされつつある．これらの情報をもとにエピジェネティクス因子を制御することによって，始原生殖細胞の幹細胞化が可能になるかもしれない．始原生殖幹細胞は雌雄に共通の生殖幹細胞として，遺伝資源の保存や遺伝子改変など非常に多岐にわたる利用が期待される．

雌性生殖細胞は，胎子期に始原生殖細胞としての増殖を停止した後は，減数分裂に入るか細胞死する．このため哺乳類の卵巣の生殖細胞数は，出生後は一生にわたって減少し続けることになる．しかし2004年，アメリカのTillyらのグループは，マウス卵巣には増殖する生殖細胞プールが存在し，必要に応じて卵胞を形成すると発表した[6]．さらに2009年，中国のWuらのグループは，雌性生殖幹細胞（female germline stem cell）を樹立し，そこから卵子を発生させて産子を得たと報告している[7]．この雌性生殖幹細胞の樹立は，哺乳類の発生学の常識をくつがえす成果であるが，現在のところ他の研究グループによる再現性の確認はとれていない．

15.2.5 老化や疾患による卵子障害の救済

上記のように，哺乳類の卵巣中には限られた数の卵子のプールしかないため，老化あるいは何らかの疾患により正常な卵子が減少すると，雌の繁殖能力は著しく低下してしまう．これは，幹細胞である精原細胞をもち，ほぼ生涯にわたって新しい精子をつくり続ける雄との大きな違いである．また雄性生殖細胞は，減数分裂が終了した半数体まで発生すれば，顕微授精により産子を得ることができる（8章参照）．しかし卵子については，老化や疾患による障害を回避する発生工学的手法はまだ開発途上にあるといえる．

個体が性成熟し排卵が開始されるまで，卵子は数か月あるいは数十年にわたって，第1減数分裂前期で停止している．性成熟後の繁殖適期においては，卵子プールの数も十分多く，受精後の胚発生率も高い．しかし原因は不明であるが，一般に加齢とともに卵巣内の卵子の数は急速に減少し，その質も低下する．マウスでは生後1年以内に雌の繁殖力は急激に低下し，ヒトでは40歳を超えると不妊や流産の頻度が上昇するといわれている．排卵をするにもかかわらず，不妊あるいは流産が多くなる原因としては，卵子の染色体異常（異数性）があげられる．減数分裂中の卵子の細胞周期チェックポイントは比較的ゆるいため，染色体異常をもったまま排卵され，受精後の胚の染色体異常につながる[8)]．ヒトにおいては，この加齢卵子の問題は深刻である．特に先進諸国においては女性の結婚年齢が上昇しているために，出生率の低下の原因の1つになっているといわれている．

加齢に伴う卵子の染色体異常の回避方法として，①卵子細胞質置換，②体内卵子成長・成熟環境の改善，③卵子の体外成長・成熟における処理の3つがあげられる．①の卵子細胞質置換は第1減数分裂前に行う必要があるため，GV期の未成熟卵子を顕微操作することになる．未成熟卵子の顕微操作は技術的に難しいが，マウスを用いた卵子細胞質置換（GV置換）により，異常卵子の紡錘糸の形成が正常になるとの実験報告がなされている[9)]．ただし，この方法を用いて実際に老齢個体由来の卵子を救済した報告はない．②の体内環境の改善では，実際に老齢マウスを用いて，抗酸化剤（ビタミンCおよびE）投与あるいはカロリー制限によって成熟卵子の増加および染色体異常の減少を示している[10,11)]．ただし，これらの処置は卵子だけでなく全身にも長期的な影響を与えるので，実際のヒトへの応用はまだ検討が必要であろう．③の体外で取り出した卵子への処理であれば，母体への影響はない．ただし短期的な処置であるために，染色体異常を引き起こす原因そのものに直接的に働きかける必要がある．卵子の染色体異常を引き起こす最大の原因は，第1減数分裂における姉妹染色分体（sister chromatid）の早期分離であるといわれている[8]．この姉妹染色分体は，第1減数分裂の間，コヒーシンの一種であるRec8により結び付けられている[12]．老齢マウスの卵子においては，このRec8が染色分体上から減少していることが明らかにされており，これが染色体異常の原因になっている可能性が高い．一方，老齢マウスの卵子は，成熟過程におけるヒストンの脱アセチル化が正常に進行しないといわれている．実際に，正常卵子にヒストン脱アセチル化酵素阻害剤（trichostatin A）処理をすると，老化卵子と同様に染色体異常が生じることが知られている[13]．今後，このヒストン脱アセチル化とコヒーシンの連関の研究を進めることにより，老化卵子の染色体異常を回避する方法が開発されるかもしれない．

疾患により卵子が減少する場合もある．ヒトでは，早発卵巣不全（primary ovarian insufficiency）がその1つとして知られている．この疾患は様々な原因や診断基準があるが，卵巣内の卵子プール数の極端な減少による不可逆的な卵巣機能の廃絶が主徴とされている．マウスにおいて，PTENの抑制によりPIP3-Akt系を活性化することで，原始卵胞を強制的に成長させることができる．最近，この原理と卵巣の細切（Hippo signalingが抑制されて，卵胞が発育）を組み合わせて，早発卵巣不全患者の1人から子どもを得ることに成功した[14]．マウスで開発した発生工学的手法を，ヒトの不妊治療に応用・発展させた顕著な成功例であるといえる．今後，さらに技術改良が進むことが期待される．

［小倉淳郎］

文　献

1） Tachibana, M. et al.：*Cell*, **153**, 1228-1238（2013）.
2） Kobayashi, T. et al.：*Cell*, **142**, 787-799（2010）.
3） Isotani, A. et al.：*Genes Cells*, **16**, 397-405（2011）.
4） Kanatsu-Shinohara, M. et al.：*Biol. Reprod.*, **69**, 612-616（2003）.
5） Kanatsu-Shinohara, M. et al.：*Development*, **132**, 4155-4163（2005）.
6） Johnson, J. et al.：*Nature*, **428**, 145-150（2004）.
7） Zou, K. et al.：*Nat. Cell Biol.*, **11**, 631-636（2009）.
8） Jones, K. T. and Lane, S. I.：*Development*, **140**, 3719-3730（2013）.
9） Takeuchi, T. et al.：*Biol. Reprod.*, **72**, 584-592（2005）.
10） Tarin, J. J. et al.：*Mol. Reprod. Dev.*, **61**, 385-397（2002）.
11） Colman, R. J. et al.：*Science*, **325**, 201-204（2009）.
12） Chiang, T. et al.：*Curr. Biol.*, **20**, 1522-1528（2010）.
13） Akiyama, T. et al.：*Proc. Natl. Acad. Sci. U S A*, **103**, 7339-7344（2006）.
14） Kawamura, K. et al.：*Proc. Natl. Acad. Sci. U S A*, **110**, 17474-17479（2013）.

16

畜産学・獣医学における発生工学応用の現況

16.1　体外胚生産

哺乳動物の発生工学技術の基盤を支えているのは，体外受精の研究に始まった体外胚生産技術の向上である．体外受精は，1954 年にウサギで初めて成功例が報告され，1963 年のハムスターにおける研究において，体外での精子と卵子の処理方法の基礎が形作られた．さらに，卵巣から採取した未成熟卵母細胞を利用するため，卵母細胞の体外成熟技術の開発が行われた（3.3 節参照）．これまでに，多くの動物種で体外受精の成功例が報告され，家畜，伴侶動物とその近縁種で，体外成熟–体外受精由来胚から産子が得られている（**表 16.1**）．

卵子の体外成熟，体外受精率は，現在では主要な家畜種では 70％を超え，比較的安定した成績が得られるようになってきているが，体外培養による胚盤胞へ

表 16.1　体外受精の成功例と体外受精卵に由来する産子

動物種	体外受精の報告者（発表年）	産子の報告者（発表年）
ウサギ	Thibault et al. (1954)	Chang (1959)
ネコ	Hamner et al. (1970)	Goodrowe et al. (1988)
サル	リスザル：Gould et al. (1973)	ヒヒ：Clayton et al. (1984)
		アカゲザル：Bavister et al.(1984)
イヌ	Mahi and Yanagimachi (1976)	
ウシ	Iritani and Niwa (1977)	Lu et al. (1988)
ブタ	Iritani et al. (1978)	Mattioli et al. (1989)
ヤギ	Kim (1981)	Crozet et al. (1993)
ヒツジ	Bondioli and Wright (1983)	Gandolfi et al. (1987)
ウマ	Zhang et al., Del Campo et al. (1990)	Palmer et al. (1991)
ラマ	Del Campo et al. (1994)	Pope and Loskutoff (1999)
アカシカ	Bainbridge et al. (1999)	Berg et al. (2002)
ムフロン	Ptak et al. (2002)	Ptak et al. (2002)
ガウル	Loskutoff et al. (2000)	Loskutoff et al. (2000)
インドサバクネコ	Pope (2000)	Pope (2000)
トラ	Pope (2000)	Pope (2000)

の到達率は30〜40%前後と低く，ブタやウマではさらに低い．特にブタでは多精子受精率が高く，その後の胚発生率低下の原因となっている．一般に胚発生率の低下は，体外培養中に受ける細胞のダメージや，卵細胞質成熟が不十分であることなどに起因すると考えられており，培養系の改善が今後の課題である．

体外胚生産技術は，動物園動物や野生動物への応用も行われているが，卵子の成熟培養や受精条件，さらに精子の処理条件など，解決すべき点は多い．そこで，伴侶動物であるイエネコやイヌをモデルとした研究が進められている．これまでに体外受精胚の移植では，ヒヒ，アカゲザル，マーモセット，ゴリラ，インドサバクネコ，オセロット，トラ，アフリカヤマネコ，アルメニアアカヒツジ，スイギュウ，ガウル，アカシカ，ラマ，カラカルなどで成功例が報告されており，体外成熟卵を用いた例では，アルメニアアカヒツジ，スイギュウ，ガウル，アカシカ，ラマで産子が得られている[1)]．

出生時に卵巣中に存在する原始卵胞は，ウシやブタでは10〜40万個，イヌやネコでは7〜15万個，サルで10万個と報告されているが[2)]，このうち排卵まで到達するのはごく一部で，大部分は卵子に成長することなく退行する．このような卵胞を体外で成長させ成熟卵子を得ることができれば，産業動物の生産には極めて有用である．初期胞状卵胞を体外で成長させる試みは，ウシ，ブタ，ヒツジ，ヤギなどで行われている．成熟個体の初期胞状卵胞を体外で成長させるには，コラーゲンゲルやアルギン酸ゲルで包埋して培養する方法と，基質上に付着させて開放系で培養する方法がある[3)]．体外発育させた卵胞から得られた卵母細胞の成熟率は低いが，ウシではいずれの方法でも，得られた体外成熟卵の体外受精により産子が得られている．前胞状卵胞の体外培養下での成長を試みた例は，ウシ，ブタ，ヒツジでみられる．どの動物種でも発育率は大変低いが，原始卵胞が胞状卵胞へ発育可能であることはウシで確認されており，成熟卵子を得られる培養系の開発が期待されている（詳細は3章参照）．

16.2 顕微授精

顕微授精は，精子の注入部位の違いによりいくつかの方法があるが，現在では卵細胞質内精子注入法（ICSI）と同義で用いられることが多い．哺乳動物では1976年にハムスターで注入精子の前核形成が確認されて以来，様々な動物種で顕微授精が試みられ，ピエゾマイクロマニピュレーターの開発によって注入刺激に弱い動物種でも受精卵を得ることができるようになった．これまでに，ウシ，ブタ，ヒツジ，ヤギ，ウマ，ネコ，アカゲザルなどで産子が得られている（**表 16.2**，また詳細は 8 章参照）．

細胞質内精子注入法では精子の運動性を必要としないので，核 DNA に損傷がなければ，運動性を失った精子からも正常な産子を得ることができる．そこで，精子を凍結乾燥して常温保存することを目指す研究も行われている．これまでに実験動物では，4℃で長期保存した凍結乾燥精子を用いた顕微授精で産子が得られているが，家畜種ではウシとブタで胚盤胞までの発育が報告されているのみで，産子を得るには至っていない[4]．

精子になる前の精子細胞を用いた顕微授精では，円形精子細胞からの産子例が，齧歯類，ウサギ，およびヒトにおいて報告されており，家畜ではブタで胚盤胞まで発育させた報告がある．また，伸長精子細胞の顕微授精では，マストミス，アカゲザルの産子，およびカニクイザルの妊娠例の報告があるが，いずれの細胞でも家畜における産子例は報告されていない[5]．

顕微授精で得られた産子の異常率は通常の受精と大差がないが，受精卵の胚盤胞への発生率は数％～40％程度と安定しておらず，種によっては発生率がかなり低い[6]．また，ウシ，ブタ，イヌなどのように卵細胞質中に脂肪顆粒をもつ種では，精子注入が正しく行われたかを確認しづらいこと，ラットやウシのように卵

表 16.2 顕微授精の成功例

動物種	報告者（発表年）	卵子	産子の有無
ウサギ	Hosoi et al. (1988)	体内成熟卵	産子
ウシ	Goto et al. (1990)	体外成熟卵	産子
ヒト	Palermo et al. (1992)	体内成熟卵	産子
ヒツジ	Catt et al. (1996)	体外成熟卵	産子
ネコ	Pope et al. (1998)	体内成熟卵	産子
ウマ	Cochran et al. (1998)	体外成熟卵	産子
ニホンザル	Hosoi et al. (1998)	体内成熟卵	8 細胞期，受胎せず
イヌ	Fulton et al. (1998)	体外成熟卵	前核期まで
アカゲザル	Hewitson et al. (1999)	体内成熟卵	産子
ブタ	Martin (2000)	体内成熟卵	産子
	Kolbe and Holtz (2000)	体内成熟卵	産子
カニクイザル	Ng et al. (2002)	体内成熟卵	産子
ヤギ	Wang et al. (2003)	体外成熟卵	産子
タマーワラビー	Magarey and Mate (2003)	体外成熟卵	前核のみ
ローランドゴリラ	Loskutoff et al. (2004)	体内成熟卵	胚盤胞，産子不明
ライオン	Damiani et al. (2004)	体内成熟卵	桑実胚

子が体外において自発的に活性化しやすい種もあることなど，問題点は残されている．しかし顕微授精は，ブタのように多精子受精が頻発する種や，体外受精が難しい動物種，さらに野生動物のように，体外受精方法の研究が不十分で手法が確立されていない種への適用は有効である．最近では，異種間での顕微授精においても前核形成が生じることから，動物卵子を用いたヒト精子の機能解析[7]，近縁種の卵子を用いた絶滅危惧種の保存や絶滅種の復活など，新たな利用も進められている．

16.3　卵子および初期胚の凍結保存

卵子および初期胚の凍結保存法には，緩慢凍結法と超急速凍結によるガラス化保存法がある．凍結保存した胚の生存性は，胚の発育ステージによって異なり，コンパクション後の生存性は高いが若齢胚の生存性は低い．また，ブタのように卵細胞質内に脂肪顆粒を多く含む種は，冷却に対する感受性が高く保存が難しい[8]．近年広く用いられるようになったガラス化保存法は，凍結までの時間が短く，特殊な機器や技術的な習熟を必要としない点が優れている．また，高濃度の凍害防止剤の毒性を軽減するため，糖などの高分子化合物を添加する方法や細いストローやチップを用いて保存液量を減らす方法，微量の保存液を特殊なメッシュやフィルム上に載せて凍結する方法などが開発され，初期胚だけでなく１細胞期受精卵や未受精卵の凍結保存でも良好な成績が得られるようになってきている（詳細は５章参照）．

これまでに胚の凍結保存では，ウシ，ブタ，ヒツジ，ヤギ，ウマといった家畜種のほか，イエネコ，イヌといった伴侶動物，さらにはエランド，アカシカ，バッファロー，ムフロン，ニホンジカ，カラカル，アフリカヤマネコ，オセロット，ヒヒ，マーモセット，アカゲザルといった野生動物種においても凍結胚由来の産子が報告されている[9]．一方卵母細胞の凍結保存では，ウシで産子例が報告されているものの作出効率は低い．他の家畜種においても，ブタ，ヒツジ，ウマなどで胚盤胞までの発育が報告されているのみで産子例はなく，卵母細胞の凍結保存技術は，ウシを含めて実用化に向けた研究が継続されている[9,10]．

最近では卵巣組織を凍結保存し，その中から未成熟卵子を得る方法も試みられている．卵巣は多くの卵子を含んでおり，幼若個体や死亡個体からも採取できるといった長所があるが，一方で卵子のほかに顆粒膜細胞や間質細胞など多様な細胞から構成される集合体であるため，そのすべてに適した凍結融解方法を見つけることが難しいという短所もある．これまでに卵巣組織の凍結保存は，ウシ，ブタ，ヒツジ，ヤギ，ウマ，ネコ，イヌ，サル，ウサギ，ゾウなど多くの動物種で試みられている．凍結手法も，従来の緩慢凍結法に加え，ガラス化保存法も用いられている．保存する組織は，卵巣をそのまま，あるいは一部を凍結する方法，表層の組織片のみを凍結する方法，さらに単離した卵胞を保存する方法など様々である．

凍結融解後の卵巣の形態は正常で，自家移植や異種移植した組織では内分泌機能が回復し，卵胞の発育もみられる．また，この卵巣から得られた卵母細胞を体外成熟，体外受精し，胚発育も確認されている．一方，凍結保存した卵巣組織に由来する産子を得た報告はヒツジとウサギのみであり，緩慢凍結法あるいはガラス化保存法で保存した卵巣を，融解後に自家移植した場合だけである[11]．絶滅危惧種の保護では保存した卵巣を同種の個体に移植することは難しいので，異種移植を行うことになる．異種移植した卵巣が正常に機能していることは，イヌ，ネコ，サルなどで確認されているが，異種移植した卵巣から得られた卵母細胞が正常であるかどうかは明らかになっておらず，産子も得られていないことから，今後の検討がさらに必要と考えられる[11]．

16.4 核 移 植

1997 年に，体外培養したヒツジ乳腺上皮細胞をドナーとした核移植で産子を得ることに成功して以来，この技術は多くの研究者によって検証され，翌年にはウシで，2000 年にはブタでクローン個体作出が報告された．その後，様々な動物種でクローン個体の作出が報告されている（**表 16.3**）．しかし，クローン個体の作出効率は極めて低く，ウシのみが例外的に 15～20％と高い値を示しているが，ほとんどの動物種では数％以下である．核移植が成功するかどうかは，ドナー核とレシピエント卵の細胞周期の選び方や再構築胚の活性化刺激法といった技術的な問題を検討することに加えて，再構築胚のリプログラミングの正常性についての確認が重要である．またクローン個体の作出では，流産や早産が多発すること，過大子症候群と呼ばれる生時体重の増加や妊娠期間の延長を伴う異常がみられること，奇形や発育不全もみられることなど，原因究明を含めて解決すべき点が多く残されている（詳細は 14 章参照）．

表 16.3　体細胞クローン動物成功例

動物種	報告者（発表年）	備考
ヒツジ	Wilmut et al.（1997）	
ウシ	Kato et al.（1998，2000）	
	Meirelles et al.（2001）	異種間（コブウシ→ウシ）
マウス	Wakayama et al.（1998）	
ヤギ	Baguisi et al.（1999）	
	Jian-Quan et al.（2007）	異種間（ボーア種→ザーネン種）
ブタ	Onishi et al., Polejaeva et al.（2000）	
ガウル	Lanza et al.（2000）	異種間（ウシ卵）
ムフロン	Loi et al.（2001）	異種間（ヒツジ卵）
ネコ	Shin et al.（2002）	
ウサギ	Chesne et al.（2002）	
ラバ	Woods et al.（2003）	
ウマ	Galli et al.（2003）	
ラット	Zhou et al.（2003）	
アフリカヤマネコ	Gomez et al.（2004）	異種間（イエネコ卵）
イヌ	Lee et al.（2005）	アフガンハウンド
	Jang et al.（2008）	トイプードル
	Hossein et al.（2009）	ビーグル
フェレット	Li et al.（2006）	
アカシカ	Berg et al.（2007）	
バッファロー	Shi et al.（2007）	中国水牛
	Young et al.（2010）	異種間（河川水牛→沼沢水牛）
ハイイロオオカミ	Kim et al.（2007）	異種間（イヌ卵）
	Oh et al.（2008）	異種間（イヌ卵）
スナネコ	Gomez et al.（2008）	異種間（イエネコ卵）
ブルカド（ピレネーアイベックス）	Folch et al.（2009）	異種間（ヤギ卵），出生後すぐに死亡
ラクダ	Wani et al.（2010）	

近年，絶滅危惧種に対する保護の手段として，クローン技術を応用する試みがなされている．野生動物からクローン個体を作出する際に最も問題となるのは，レシピエント卵子や移植個体の確保である．野生動物種や絶滅危惧種では同種のレシピエント卵子を確保することが難しいので，近縁の異種卵を使用することでクローン個体の作出が成功している．例えば，ガウルはウシを，ムフロンはヒツジを，アフリカヤマネコはイエネコをレシピエントとして出生している[12)]．これらの移植は同属異種間での核移植であり，他の属の種の卵子を用いた例では，妊娠例はあるものの産子の報告はない．野生動物種や絶滅危惧種では家畜や伴侶動物と近縁でない種も多く，同属以外の卵子の利用が期待されるが，属が異なると，細胞周期の同期性，遺伝子発現時期，エピジェネティックな遺伝子発現など

複数の点で相違が大きいと考えられ，属間異種での卵子利用はこれらの因子の制御が課題となっている．

畜産分野では，核移植技術の活用により，優れた遺伝形質をもつ家畜の大量生産や育種効率の向上などが期待される．クローン動物の食品としての安全性については，米国FDAと日本の食品安全委員会は問題がないと報告しているが，消費者の理解が得られていないことを理由に，食品としての実用化には至っていない[13,14]．

16.5 雌雄の産み分け

畜産業においては，産子の性の産み分けは経営に有利な性の子どもを得て利益を上げることができるので，古くから技術開発が期待されてきた．また動物園などで希少動物保護を行う場合，安定した雌雄比の確保は個体群の維持に重要である．これまで性判別の手法としては，表面電荷の違いを利用した電気泳動法，比重や大きさの違いを利用した密度勾配遠心分離法などによってX精子とY精子を分離する方法，受精卵の発育速度で雌雄胚を見分ける方法，割球サンプルをとって染色体の核型分析をする方法，雄特異的といわれるH-Y抗原の免疫学的検出，X染色体に由来するG6PDHの酵素活性が雌で多いことを利用する判定法など，様々な方法が開発されてきたが，いずれも判定精度が十分とはいえず実用化には至らなかった．

近年，X精子とY精子がもつDNA含量の違いを利用して蛍光標識した精子をセルソーターで分離する方法が開発され，ようやく実用化されるようになり，ウシの精子では国内外で90%の確率で雌雄判別された凍結精液が市販されている．精子のDNA含量はX精子の方がY精子に比べて多いが，その差はウシで3.8%，ブタで3.6%など，野生動物を含むほとんどの動物種で3〜4.4%とわずかである[15,16]．また，セルソーターによる分離にはDNA量の差だけでなく，死滅精子や形態異常精子の割合，動物種による頭部形態の相違なども影響を与えるため，X精子とY精子を完全に分けることは難しく，分離精度は概ね75〜90%である．

セルソーターで分離した精子は，精子濃度が低くなり運動性も劣化するので，通常の精子に比べて受胎率が低下する[17]．これは，ソーティング時にかかる圧力による機械的なストレスのためであることが明らかとなっている．また精子

DNA 断片化率が増加する例も報告されており，今後も分離条件の改良や，産子の正常性の検証が必要である（7.2 節参照）．

初期胚の性判別も，最近では割球の一部を採取し，PCR 法を利用して雄特異的な DNA 配列を増幅して検出する方法，雄特異的な配列とともに雌雄共通の配列も増幅し，反応時に生じる副産物の白濁で雌雄を判定する LAMP 法などが実用化され，市販キットも販売されている．特に LAMP 法は検出時間が短く，操作が容易で特殊な装置を必要としないこと，増幅効率が高く誤判定が少ないこと，電気泳動が不要なのでエチジウムブロマイドのような発がん性物質を使用しないことなど優れた点が多い手法である[18]．PCR 法を用いた性判別は，数個以上の細胞が採取できればほぼ確実に判定を行うことができるが，プライマー配列はウシのプライマーがスイギュウでは有効でないなど種特異的なものが多く，動物種ごとに有効性を検討しなければならない（7.3 節参照）．

16.6　多能性幹細胞

ES 細胞は，胚盤胞の内部細胞塊から樹立された多能性幹細胞株である．ES 細胞の特徴としては，三胚葉すべての組織へ分化する能力をもつとともに，初期胚とキメラを形成して個体発生に寄与すること，発生した個体の生殖細胞形成に関与して，次の世代へと受け継がれる能力をもつことがあげられるが，家畜種ではキメラ個体の作製や次世代への継承について検証が成功していない．実際，ウシ，ブタ，ヒツジ，ウマ，イヌ，ネコ，ミンクなどで ES 細胞様の株の樹立は報告されているが，それが真に ES 細胞であるかどうかは明らかになっていない（12 章参照）．

ES 細胞と同様の形態をもつ多能性幹細胞として，始原生殖細胞に由来する EG 細胞の樹立も行われている．家畜種では，ウシ，ブタ，ヒツジ，ヤギ，ウマ，バッファロー，ウサギなどで EG 細胞の単離に成功したとの報告がなされている．ウシとヒツジの EG 細胞はキメラ形成能が検討されておらず，ブタ EG 細胞は株化，長期培養，キメラ形成能，遺伝子改変能については確認されているが，生殖系列への寄与についての報告はない．また，バッファロー，ヤギではキメラ産子が得られているが，生殖系列への寄与は確認されていない．

ES 細胞や EG 細胞のような生殖系列細胞を起源とする多能性幹細胞での研究成果を応用して，2006 年にマウスで樹立された人工多能性幹細胞（iPS 細胞）

は，培養細胞に *Oct3/4*，*Klf4*，*Sox2*，*c-Myc* の 4 つの遺伝子を導入し，ES 細胞の培養条件下におくことによって誘導された細胞株である（13 章参照）．翌 2007 年，ヒト細胞での樹立が報告され，その後，ウシ，ブタ，ヒツジ，ヤギ，ウマ，バッファロー，ウサギなどでの樹立が試みられているが，キメラ形成能が確認されていないなど，マウスと同等の性質をもつ細胞株の樹立には至っていない[19,20]．

最近，多能性幹細胞は初期状態に近く分化能やキメラ形成能をもつナイーブ型と，少し分化が進みキメラ形成能が消失しているプライム型があることがわかってきた（12.4，13.4 節参照）．マウスの ES 細胞や iPS 細胞はナイーブ型だが，マウス以外の動物種では常法で作出された多能性幹細胞はプライム型になるため，キメラ形成が難しいと考えられている[21]．一方ヒトでは，ナイーブな状態に近いと思われる ES/iPS 細胞の樹立が報告され，ブタとヒツジでもキメラ形成能を有する iPS 細胞の樹立が報告されている．これらの細胞が本当にナイーブな状態にあるかどうかは，今後の検討が必要である[22]．家畜や伴侶動物においては，多能性幹細胞は基礎研究だけでなく，遺伝子ターゲティングを利用した家畜改良技術への応用や獣医領域における伴侶動物の移植医療・再生医療への利用など実用的価値が高いため，ナイーブ型多能性幹細胞の樹立が期待される．

16.7 遺伝子改変動物

遺伝子導入技術の家畜種への応用は，1980 年代半ばからブタ，ヒツジ，ウサギなどを用いて行われるようになった．当初，主流であった前核へのマイクロインジェクション法による遺伝子導入は，遺伝子改変個体の作出効率が 1% 程度と低かったので，新たな導入法が検討されてきた．その結果，レトロウイルスやレンチウイルスベクターを用いて卵子や胚に導入する方法，受精時の精子に DNA を持ち込ませる方法，顕微授精時に精子頭部に外来 DNA を付着させて導入する方法（8.4.3 項参照），遺伝子を導入した体細胞を用いた核移植による方法などが開発され，遺伝子改変個体の作出効率を上昇させることができるようになった（詳細は 9 章参照）．

一方，遺伝子改変技術として重要なノックアウト動物の作製は，マウスとラット以外では ES 細胞が樹立されていないことから，中大型動物への応用は遅れていた．2000 年頃からは，体細胞核移植技術を利用し，遺伝子改変した体細胞を用いてノックアウト動物をつくる研究が行われた[23]．これまでにウシとブタではノックアウト動物が生まれ，ヤギとヒツジにおいても作出の可能性が示されている．さらに最近では，人工ヌクレアーゼを用いたノックアウト動物の作製技術を家畜に適用し，ウシやブタで成功例が報告されている（11 章参照）．しかし中大型動物では，まだ確実に遺伝子をコントロールできる段階には至っておらず，現在も研究が続けられている．

畜産分野では，遺伝子改変技術は食肉の品質改良など，家畜の経済形質を向上させる家畜改良の手段として研究が進められてきた．最近では，乳中のタンパク質を増加させたウシや，脂肪中にホウレンソウの脂肪酸を含有するブタが作出されている．また遺伝子改変技術を用いて，家畜に耐病性を与える試みも行われており，プリオン遺伝子をノックアウトすることによりウシ海綿状脳症に感染しないウシをつくったり[24]，乳房内黄色ブドウ球菌感染に抵抗性をもつ遺伝子強化ウシをつくったりする試みが行われている[25]．しかしながら，畜産物としての遺伝子改変家畜の作出に対しては，遺伝子改変生物を食物として流通させることに対する消費者の理解を得ることが現状では難しいことから，実用化に至っていない[26]．

組換えタンパク質の生産は微生物や培養細胞でも行われているが，哺乳動物を利用した組換えタンパク質生産は，微生物ではできない翻訳後の修飾や糖鎖の付加が正しく行われること，低コストでの大量生産が可能であることなどから有用な点も多い．家畜では，ウシ，ブタ，ヒツジ，ヤギ，ウサギなどの乳汁や血液にヒト由来のタンパク質を生産させる，動物工場としての利用が行われている．実際にどの程度の数の動物が必要かを検討した例では，遺伝子の発現量，乳汁生産量と精製効率から計算すると，年間に必要なヒト血清アルブミン 100 t の生産にはウシ 5400 頭，5 t の α-アンチトリプシンの生産にはヒツジ 4300 頭といった数の遺伝子改変個体が必要であると報告されている[27]．

遺伝子改変家畜は医薬分野への利用も進んでおり，がん，嚢胞性線維症など様々な疾患モデル動物がつくられているほか，免疫不全ブタも作出されており，抗体医薬品開発や再生医療への利用が期待されている．また，ヒトに移植したときに拒絶反応が起こりにくい移植用臓器の生産がブタで試みられている[28]．この研究ではヒトによる拒絶反応を回避するため，ヒトがもつ抗ブタ抗体に反応する抗原をブタ臓器上に発現させない遺伝子改変ブタがクローン技術を利用して作出されている[29]．今後，遺伝子改変動物の作出においては，医療や生命科学分野への応用を目指した研究がいっそう進展するであろう．　［髙岸聖彦］

文　献

1) Pukazhenthi, B. S. and Wildt, D. E.：*Reprod. Fertil. Dev.*, **16**, 33-46 (2004).
2) Gosden, R. G. and Telfer, E.：*J. Zool.*, **211**, 169-175 (1987).
3) Hirao, Y.：*J. Reprod. Dev.*, **58**, 167-174 (2012).
4) Nakai, M. et al.：*J. Reprod. Dev.*, **57**, 183-187 (2011).
5) Yanagimachi, R.：*Reprod. Biomed. Online*, **10**, 247-288 (2005).
6) Garcia-Rosello, E. et al.：*Reprod. Domest. Anim.*, **44**, 143-151 (2009).
7) Canovas, S. et al.：*J. Androl.*, **28**, 273-281 (2007).
8) Prentice, J. R. and Anzar, M.：*Vet. Med. Int.*, **2011**, 146405 (2011).
9) Saragusty, J. and Arav, A.：*Reproduction*, **141**, 1-19 (2011).
10) Duszewska, A. M. et al.：*J. Anim. Feed Sci.*, **21**, 217-233 (2012).
11) Santos, R. R. et al.：*Anim. Reprod. Sci.*, **122**, 151-163 (2010).
12) Loi, P. et al.：*Theriogenology*, **76**, 217-228 (2011).
13) Rudenko, L. et al.：*Nat. Biotechnol.*, **25**, 39-43 (2007)
14) 鈴木孝子ら：日畜会報，**81**，55-56 (2010).
15) Johnson, L. A.：*Anim. Reprod. Sci.*, **60-61**, 93-107 (2000).
16) O'Brien, J. K. et al.：*Theriogenology*, **71**, 98-107 (2009).
17) Probst, S. and Rath, D.：*Theriogenology*, **59**, 961-973 (2003).
18) Kageyama, S. and Hirayama, H.：*J. Mamm. Ova Res.*, **29**, 113-118 (2012).
19) Gandolfi, F. et al.：*Reprod. Domest. Anim.*, **47**(Suppl. 5), 11-17 (2012).
20) Nowak-Imialek, M. and Niemann, H.：*Reprod. Fertil. Dev.*, **25**, 103-128 (2013).
21) Nichols, J. and Smith, A.：*Cell Stem Cell*, **4**, 487-492 (2009).
22) West, F. D. et al.：*Stem Cells Dev.*, **19**, 1211-1220 (2010).
23) Galli, C. et al.：*Reprod. Domest. Anim.*, **47**(Suppl. 3), 2-11 (2012).
24) Wall, R. J. et al.：*Nat. Biotechnol.*, **23**, 445-451 (2005).
25) Richt, J. A. et al.：*Nat. Biotechnol.*, **25**, 132-138 (2007).
26) Rexroad, C. E., Jr. et al.：*Theriogenology*, **68S**, S3-S8. (2007).
27) Houdebine, L. M.：*Comp. Immunol. Microbiol. Infect. Dis.*, **32**, 107-121 (2009).
28) Klymiuk, N. et al.：*Mol. Reprod. Dev.*, **77**, 209-221 (2010).
29) Lai, L. et al.：*Science*, **295**, 1089-1092 (2002).

17

新しい発生工学への展望

17.1 はじめに

動物発生工学の領域は，生殖細胞および胚の体外培養技術，顕微操作技術，幹細胞技術，さらに遺伝子操作技術の発展が加わったことで，複雑な知識・技術体系として急速にその応用的価値が高まった．動物発生工学領域の研究によりもたらされた成果は，体外受精，クローン動物の作出，遺伝子改変動物の作成，幹細胞の樹立と分化誘導などに結実し，発生生物学，生殖生物学の基礎，さらには遺伝子改変動物を用いた遺伝子機能の解析，資源動物の増産・育種，幹細胞技術，再生移植医療，生殖医療など幅広い研究領域および応用分野において多大な貢献をしている．

さて，これまで農学領域の研究者が大きな役割を果たしてきた動物発生工学研究は，今後どのような展開をみせることになるのであろうか．今回のこの教科書の改訂をみると，11 章では ES 細胞を用いた遺伝子欠損技術に代わる新しいゲノム編集方法が解説されている．この方法を用いると遺伝子機能解析の手法が一変し，加速度的に研究が進展する可能性がある．

また，ES 細胞に加え iPS 細胞の登場で，幹細胞研究には多方面から大きな期待が寄せられている（13 章参照）．例えば，幹細胞から生殖細胞を分化させる分子メカニズムの研究と体外培養技術の開発が急展開をみせており，完全に体外で生殖細胞が生産される可能性がある．このことは，動物発生工学が対象とする細胞系列が一気に拡大することを意味する．

さらに，最近の研究機器，抗体，分析試薬などの開発には目覚ましいものがあり，これまで困難と考えられていた様々な生物学的情報を，短時間で網羅的に取得することができるようになってきた．そして，膨大なデータの集積から明らかにされる分子生物学的成果が，再び発生工学研究を進展させる大きな原動力にな

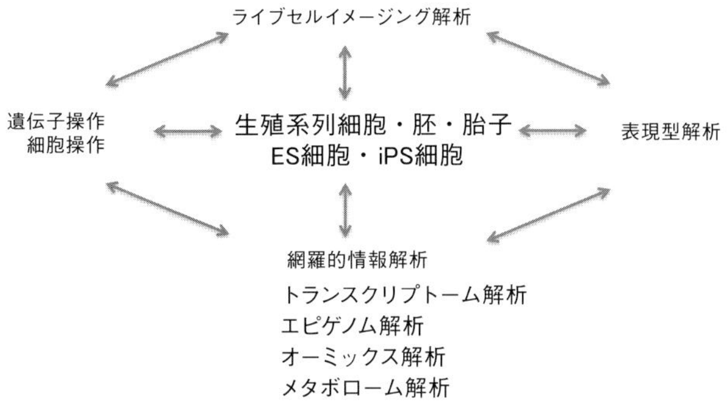

図 17.1 発生工学研究を支える解析手法の概略

っていることも見逃せない．すなわち現在の発生工学の研究においては，細胞操作や個体生産および遺伝子操作のみにとどまらず，それらの生物学的情報を詳細かつ網羅的に解析収集し，それらの相互関係を明らかにして，細胞の特性や遺伝子の機能を理解することが重要な位置付けとなっている（**図 17.1**）．

そこで本章では，「動物発生工学」にとって今後さらに重要な位置付けとなることが想定される，①幹細胞からの生殖細胞生産，②ライブセルイメージング，および③分子生物学的情報の網羅的取得という課題を取り上げ，動物発生工学研究におけるいくつかの展望を示したい．

17.2 幹細胞からの生殖細胞生産

生殖細胞を体外で生産することは，動物発生工学のみならず発生生物学や生殖医学などの研究分野における大命題である．近年，ES/iPS 細胞を生殖細胞に分化させる研究が急速な進展をみせている．そもそも将来精子・卵子に分化する始原生殖細胞（PGC）を体外で培養しても，生殖細胞に分化させることはできない．しかし，ES/iPS 細胞を特殊な条件の下体外培養していったん PGC 様の細胞に分化させ，これを生体内の生殖巣に移植することにより，機能的な精子や卵子を生産できることが相次いで報告された．生殖細胞の体外生産に関する研究は，全く新しい局面を迎えている[1)]（**図 17.2**）．

体外で ES 細胞から精子を分化させる研究では，2003 年に野瀬らが初めて大きな成果をあげた[2)]．彼らは雌雄決定以降の PGC から特異的に発現を開始する *Vasa* 遺伝子に GFP 遺伝子を結合させた *Vasa*-GFP 遺伝子をノックインした ES

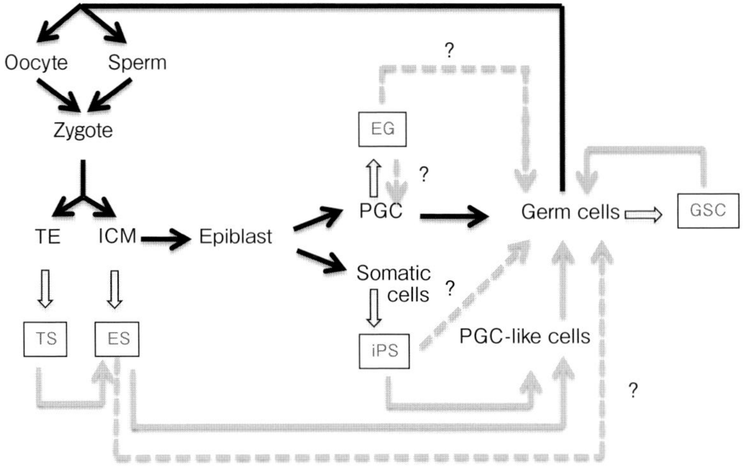

図 17.2　生殖系列幹細胞からの生殖細胞の人為的分化誘導
黒色の矢印は生体内での細胞系譜，灰色の矢印は体外での分化誘導，灰色の破線矢印は未確定の分化誘導を示す．
TE：栄養外胚葉，TS：栄養膜幹細胞，ICM：内部細胞塊，ES：胚性幹細胞，Epiblast：エピブラスト，PGC：始原生殖細胞，PGC-like cells：始原生殖細胞様細胞，Somatic cells：体細胞，iPS：人工多能性幹細胞，GSC：生殖幹細胞．

細胞を用いた．LIF 除去して培養し，*Vasa* 遺伝子を発現している細胞（PGC 細胞様細胞と仮定）をセルソーターにより回収し，それを胎子精巣細胞と合わせて細胞塊をつくり成体の精巣内に移植した．この方法では，形態的には正常とみられる精子に分化させることに成功したものの，残念ながら産子を生産することはできなかった．そのため，生殖系列細胞の分化を制御する分子メカニズムならびに培養条件等の改良が精力的に行われてきた．

最近，斎藤らのグループにより ES/iPS 細胞から精子を生産する再現性の高い方法が報告された．彼らは，エピブラストに出現する PGC の特性に類似した PGC 様細胞を ES/iPS 細胞から分化させるための体外培養系を新たに開発した．ついで分化誘導した PGC 様細胞を E（胎齢）12.5 日目の胎子精巣細胞と再構成させ集合精巣を作成し，成体の精細管内に移植したところ，産子の生産に初めて成功した（**図 17.3**）．成功の要点としては，エピブラストにおいて生殖系列に分化する前駆細胞で特異的に発現する *Blimp1* および *Stella* をマーカー（*Blimp1*-m venus and *Stella*-ECFP（BVSC）transgenes）として組み込んだ

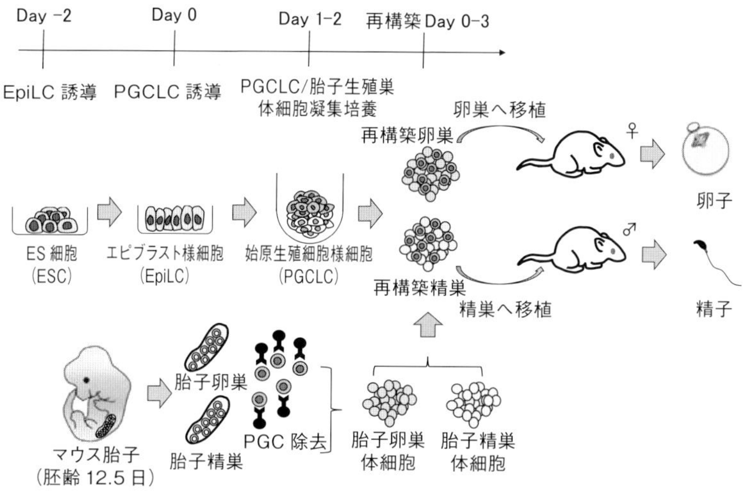

図 17.3　ES 細胞・iPS 細胞からの生殖細胞作出システムの概略（文献[3,6]を改変）

ES/iPS 細胞を用い，15% KSR（血清代換物）および FGF4（fibroblast growth factor 4）などのサイトカインを含む培地で培養して PGC 様細胞へと形質転換させたことがあげられる．さらに，ES/iPS 細胞を MAPK 抑制剤，GSK3 抑制剤および LIF を添加した培地で培養して PGC 様細胞への分化能を高めたことも要因であろう．直近の報告によれば，3 つの転写制御因子 *Blimp1*，*Prdm14* および *Tfap2c* を同時に過剰発現させることにより，精巣内に移植すると精子に分化可能な PGC 様細胞を高率に分化誘導することができるという[4]．

一方，XX の核型をもつ雌 ES/iPS 細胞からの卵子の生産に関する研究も同様の進展をみせている．ES 細胞から卵子様細胞が現れたことを最初に報告したのは，2003 年，Scholer らである[5]．彼らは，フィーダー細胞と LIF を除去した培養条件下で ES 細胞を培養し分化誘導したところ，2 週目に *Oct4* を発現している細胞が出現し，1 か月後には小型の卵子様細胞を含む卵胞様の構造体が出現したことを確認した．しかしながら，卵子様細胞の大きさは直径 30〜40μm までにしか成長せず成熟する能力は獲得していなかった．斎藤らの研究グループは，前述した ES/iPS 細胞から精子を生産した手法を卵子生産に適用することで，受精後産子にまで発生可能な卵子の生産に成功している[6]．ここでは雌 ES/iPS 細胞を PGC 様細胞に分化誘導した後，E12.5 日目の胎子卵巣の体細胞と集合させ

3日間体外培養して集合卵巣を作成し，これを成体の卵巣に移植して発育させた（図17.3）．集合卵巣を移植された雌マウスを正常な雄と交配した結果，ES/iPS細胞より分化した卵子に由来する正常な産子が誕生した．

周知のように，個体の複製（生産）は唯一雌雄生殖細胞からのみ可能である．したがって，ここで紹介したようなES/iPS細胞から機能的な精子および卵子を生産するシステムが構築された意義は大きい．生物学的には生殖機能を失った個体からも新たに生殖細胞をつくりうることを意味しているため，実験動物・家畜・野生動物の多くの生物種で，様々な活用が見込まれる．ただし当然ながら，ヒトへの応用は不妊メカニズムの解明などの基礎研究に止めなければならない．また，動物発生工学の分野での一例をあげれば，従来のノックアウトマウス作出では生殖キメラの作出が不可欠であったが，このプロセスを介さず遺伝子ターゲティングを完了した精子および卵子から個体を直接作出することが可能となる．遺伝子機能の研究に必要とする時間，労力，経費を大幅に削減でき，研究を加速させることができる．

一方，改良が望まれる問題も残されている．例えば，現段階ではすべての過程をin vitroの条件下で再現することは困難で，PGC様細胞は胎子の精巣細胞あるいは卵巣細胞と再集合させていったん精巣あるいは卵巣に移植されなければならない．そのため，全過程をin vitroで再現することが今後の大きな研究課題といえる．また，ES細胞からPGCへの分化を介さずに，直接生殖細胞へ分化誘導するシステムの開発が必要と考えられるが，まだそれを可能にする分子メカニズムは解明されておらず，技術開発には着手されていない．さらに，iPS細胞からもES細胞同様に生殖細胞の生産が可能になれば，マウス以外の動物種にも応用可能と考えられる．しかしながら，iPS細胞とES細胞からの生殖細胞の分化誘導では，必ずしも一致しない点も指摘されており，さらなる研究が必要と思われる．いずれにしても，今後ますます生殖細胞分化の分子メカニズムの解明が進み，体内の生殖系列における分化過程を全く介さない生殖細胞の体外生産技術の構築へと研究が展開するであろう．

17.3 ライブセルイメージング

細胞を生きたまま観察するライブセルイメージングの技術は，蛍光プローブの発達やレーザ顕微鏡の改良に加え，高速な画像解析システムの進歩と相まって，

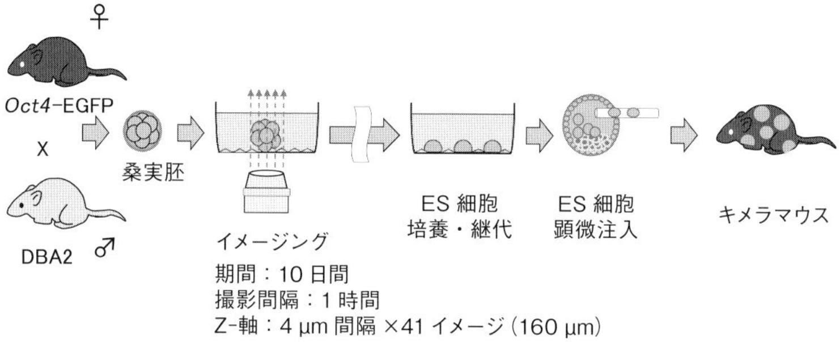

図 17.4　ES 細胞樹立過程のライブセルイメージングの概要（文献[9]を改変）

目を見張る進化を遂げている[7]．これまで，蛍光観察は胚へのダメージが大きく，長時間の観察は難しいとされていた．しかし，最近では初期胚への侵襲性を抑えつつも，さらに解像度の高いタイムラプス顕微鏡システムが構築された結果，数千枚のイメージを取得できる長時間のタイムラプス解析が可能となっている．例えば，*Oct4*-EGFP を導入されたマウス桑実胚から ES 細胞樹立までの 10 日間にわたり蛍光観察が行われ，胚盤胞内部細胞塊から ES 細胞が分化・樹立されるまでの全過程が鮮明にとらえられた（文献[8]，鮮明な映像の supplemental movie が閲覧可能）．さらに，10 日間という長時間の観察にもかかわらず，樹立された ES 細胞は生殖キメラ形成能を維持しており，交配により ES 細胞由来の産子も誕生している（**図 17.4**）．

動物発生工学の研究分野においても大きな貢献が見込まれるが，ライブセルイメージングにより収得される情報量は膨大であることから，これに対応可能な情報の画像処理・解析プログラムや高速の計算機が不可欠である．現在では，得られた初期胚発生過程の多次元画像情報から有用な情報を自動的に抽出し，再構築することも容易となっている．これまで人間の目では観察できなかった様々な分子の挙動を数値として表現できるようになる．そればかりでなく，様々な情報を再構築することにより，初期胚発生のシミュレーション，システム生物学や理論生物学への展開も興味深い．

具体的な応用例としては，生殖医療の現場で卵子や胚の染色体や分裂装置の正常性を評価できれば，それらの発生要因の解明につながるばかりでなく，体外受精・顕微授精で作成された胚を母体に戻す際に，染色体異常のある胚を選別除去することができ妊娠率の向上につながるものと期待される．ヒト体外受精では，精子が透明帯を通過し，卵子細胞膜と精子の融合の瞬間，そして前核形成の全過程が記録されている[10]．また，様々な新規蛍光プローブを開発することで，従来行われてきたタンパク質や細胞内小器官の局在解析だけでなく，初期胚発生における代謝の変化，エピジェネティクス変化なども生細胞において詳細にとらえることが可能になるであろう．さらに，特定の細胞へ局所的に遺伝子導入して胚・胎子に移植して培養することで，異所発現実験が可能となる．siRNA によるノックダウン実験や最近注目されている CRISPR/Cas システムによる新しいゲノム編集技術（11 章参照，受精卵においても遺伝子ノックアウトが可能）を使用すれば，さらにその応用は広がる．その他，化学合成阻害剤で培地中に添加して特定のシグナル経路を遮断すれば，そのシグナル経路の発生への役割を観察できる．

着床後の胚を体外で培養して胎子を発生させる全胚培養の技術の進歩も期待される．現在マウスでは，器官形成初期の E6 日の胚から E11 日の器官形成後期胚まで体外で培養することが可能であるが[11]，将来受精卵から個体発生まで体外で培養するシステムの構築も決して夢ではないかもしれない．そうなれば，ライブセルイメージングの活用範囲は格段に広がる．発生のダイナミックな細胞分化の過程における細胞増殖，細胞移動，細胞分化などのライブセルイメージングは，必ず細胞の分化と細胞の相互作用を理解するための貴重な情報を提供するであろう．

この分野の先駆者である山縣一夫博士によれば，初期胚のライブセルイメージング研究に十分対応できる汎用タイプの機器として，例えば横河電機 CV1000 共焦点顕微鏡（http://www.yokogawa.co.jp/scanner/CV1000_1.htm）が推奨されている．また，現在アーカイブ化されている初期胚のライブセルイメージングは，理化学研究所の以下のサイトでみることができる．

http://www.riken.go.jp/pr/press/2012/20120125_2/digest/

http://www.riken.go.jp/pr/press/2012/20120125_2/

http://www.cdb.riken.go.jp/jp/04_news/articles/12/120206_cloningefficiency.html

（以上，URL はいずれも 2014 年 2 月 13 日確認）

17.4　分子生物学的情報の網羅的取得

2006 年に次世代シークエンサーが登場した．従来のサンガー・シークエンシング法を利用した蛍光キャピラリーシークエンサーに比べ，桁違いの塩基配列を高速で決定することができる．現在までに解析能力が飛躍的に改良され，1 回 8 日間の稼働で 1 兆塩基（1000 Gbp，ヒトゲノムで 300 人以上に相当）以上を解読する新型シークエンサーが登場している．かつては 10 年を費やして行われたヒトゲノム解読も，現在では 1 日あれば十分ということになる（**図 17.5**）．新たな解析原理による新世代シークエンサーの開発も進んでおり，さらに高速で膨大なデータを解読することが可能になると思われる．それにより塩基配列決定にかかるコストは大幅に縮減できることが期待されており，ますます多様な分野の研究に活用されるものと思われる[12,13]．すでに，①全ゲノムシークエンス，②ターゲットリシークエンス，③全トランスクリプトームシークエンス，④ *De Novo* シークエンス，⑤エピゲノムシークエンスなどの応用が実践されており，膨大なゲノム情報が提供されている．それらのデータの多くはデータベースからの入手も可能である．**表 17.1** に現在世界で稼働中の主な新型シークエンサーを取り上げた．開発競争は熾烈で，さらに高性能の新機種がいつ登場するか予想困難な状況である．

動物発生工学の研究において，新型シークエンサーの解析能力は極めて魅力的である．中でも，発生・分化に関わる総合的な生命情報を取得する全トランスク

図 17.5　Illumina 社新型シークエンサー HighSeq2500 とサーバー

表 17.1 新型シークエンサー機種一覧（2013 年 9 月現在）

基本的技術	SMRT sequencing	Ion semiconductor		Pyrosequencing (454)		Sequencing by synthesis		Sequencing by ligation	
発売会社	Pacific Biosciences	Life technologies (Ion Torrent)		Roche Applied Science		Illumina		Applied Biosystems	
製品名	PacBio RS II	Ion Proton	Ion PGM	GS FLX	GS junior	HiSeq 2500	MiSeq	SOLiD 4	5500xl SOLid
塩基解読長（平均）	3000～5000 bp	～200 bp	35～400 bp	400 bp	400 bp	1×36 bp～ 2×150 bp	1×36 bp～ 2×150 bp	35 or 50 bp	2×60 bp
塩基解読長（最長）	20000 bp～			500 bp	500 bp	250 bp	250 bp	50 bp	75 bp
リード数	～50000 (～400 Mb per run)	60～80 million	～5 million	1 million	100000	～6 billion	0.7 billion	1.4 billion	2.4 billion
解読データ量		～10 Gb	10 Mb～1 Gb	400～600 Mb	35 Mb	600 Gb	2 Gb	～100 Gb	180 Gb
精度	99.999% (87% single-read)	98%	98%	99.90%	99.90%	98%	98%	99.90%	99.99%
所要時間	30 分～2 時間	2～4 時間	90 分	10 時間	10 時間	2～11 日	4～27 時間	1～2 週間	1 週間
1 Mbp あたりの経費（US ドル）	$0.75～1.50	?	$1	$10	?	$0.05～0.15	?	$0.13	?
優位性	・最長のシークエンス ・解析速度が速い ・4mC, 5mC, 6mA の決定可能	・安価 ・解析速度が速い		・比較的長いシークエンス長 ・解析速度が速い		・解読データ量が膨大 ・多様なアプリケーション		・解析コストが安価	
問題点	・装置が高額 ・解読データ量	・ホモポリマーエラー		・高ランニングコスト ・ホモポリマーエラー		・装置が高額		・解析速度が遅い	

リプトームシークエンスとエピゲノムシークエンスは注目に値する．前者では，転写産物ごとの発現量の定量，アイソフォーム解析，新たな転写産物の発見，さらに遺伝子発現調節機能をもつ non-coding RNA（非コード RNA，miRNA や lincRNA など）の解析が可能である．例えば，ウシ卵子や胚における全トランスクリプトームシークエンスの結果，加齢牛の卵子では特異的な遺伝子発現プロファイルが見出され，卵子の加齢の実態の理解に貢献している[14]．2012 年末には，単一細胞のトランスクリプトーム解析様のライブラリーを全自動で作成する機器も登場した．特に生殖系列の細胞では，十分なサンプル取得が困難なことから情報が不足している．また生殖系列では個々の細胞が様々な分化・脱分化の状況をもつヘテロ細胞集団と理解できる．しかし，これまで生殖系列にある細胞や胚は，細胞集団としてその特性が解析されてきた．新型シークエンサーと組み合わせることにより，単一の細胞で発現しているすべての転写産物を網羅的に，しかも定量的に解析することが可能となる．生殖系列にある細胞個々の個性の全容が詳らかにされる日も近いであろう．

もう一方のエピゲノムシークエンスの分野では，全ゲノムクロマチン免疫沈降シークエンス（ChIP-Seq）を用いた DNA-タンパク質相互作用やヒストンテール修飾の網羅的解析，ならびに 1 塩基単位の分解能で DNA メチル化を定量する包括的メチローム解析が可能である[15]．最近，生殖系列や ES 細胞における全ゲノムレベルでの CpG サイトのメチル化情報も提供され，生殖系列におけるダイナミックなエピジェネティクスのリプログラミングの実態が明らかにされ始めた[16,17]．17.2 節で述べたように，体外培養系で幹細胞から生殖細胞の分化誘導などが可能になりつつある現在，ゲノムに潜む複雑な遺伝子発現調節機構をより正確に理解するために重要な情報をもたらすものと考えられる．もちろん，トランスジェニック動物や遺伝子欠損動物で生じている現象も，詳細かつ網羅的に把握することが可能となり，それらの情報をフィードバックすることによってさらに動物発生工学技術の改良や新たな技術の開発につながるだろう．

ただし，新型シークエンサーは高額機器であるばかりでなく，実際の解析にはランニングコストも嵩むという問題点もある．さらに，膨大なデータを取り扱うことから大型のコンピュータ関連機器の整備が不可欠である．もちろん，それらの取り扱いに習熟したシステムエンジニアの参加もデータの迅速な解析には重要で，個人研究室で手軽に解析を実施することは難しい．文部科学省では 2010 年より，新学術領域に「ゲノム支援」事業を立ち上げ，科学研究費を取得した研究課題の中で，新型シークエンサーを用いた研究の支援をしている．こういったシークエンス解析の支援や，バイオインフォマティクスの専門家のアドバイスを受けることもよいであろう．また，実際に次世代シークエンサーを用いて解析を行っている研究機関・研究者との共同研究を検討することも推奨される．いずれにせよ，動物発生工学の研究においても様々な生命活動情報の取得と解析がますます重要になることは疑う余地がない．特定のターゲットを絞り込み次世代シークエンサー解析を実施するエクソーム解析法や，ターゲットメチローム解析なども開発されており，近い将来比較的低コストで効率よく必要な情報を取得することも可能となるであろう．今後はますます多くの研究者の多様な要求に対応したツールが提供されることにより，身近な解析手法となることが期待される．

17.5 ま と め

1984年に『哺乳類の発生工学』（NAMEの会編集，ソフトサイエンス社）が出版され[10]，筆者はそこで「発生工学」という用語を初めて目にした．“NAME”とはnew approach for mammalian embryologyの略で，医学，理学，農学の錚々たる先生方の執筆による最新の情報を網羅した意欲的な著書であった．序章の中で岡田節人先生は，「本書の標題をなす「発生工学」とは目新しい言葉である．諸外国でこれに当たる言葉はないと思う．（— 中略 —）この言葉は厳密に定義できないにしても発生研究の現在ある価値を生き生きと表現したものになっている」と記されており，新しい研究分野が創成される期待が込められていた．

さて，あらためて30年前の当時の「発生工学」と，この改訂版『哺乳動物の発生工学』の内容を比べると，当時の先生方の卓越した先見性に敬服すると同時に，この30年間に成し遂げられた本分野の凄まじい発展が浮き彫りになる．今後，動物発生工学の研究領域は，どのように発展するのであろうか？　おそらく，私の乏しい想像力ではとても見通すことはできない未来が開けているに違いない．

［河野友宏］

文　献

1)　Saitou, M. et al.：*Development*, **139**, 15-31（2012）.

2） Toyooka, Y. et al.：*Proc. Natl. Acad. Sci. U S A*, **100**, 11457-11462 （2003）.
3） Hayashi, K. et al.：*Cell*, **146**, 519-532 （2011）.
4） Nakaki, F. et al.：*Nature*, **501**, 222-226 （2013）.
5） Hubner, K. et al.：*Science*, **300**, 1251-1256 （2003）.
6） Hayashi, K. et al.：*Science*, **338**, 971-975 （2012）.
7） Goldman, R. et al. （eds.）：Live Cell Imaging （Second Edition）. Cold Spring Harbor Laboratory Press （2013）.
8） Yamagata, K. and Ueda, J.：*Dev. Growth Differ.*, **55**, 378-389 （2013）.
9） Yamagata, K. et al.：*Dev. Biol.*, **346**, 90-101 （2010）.
10） Mio, Y. and Maeda, K.：*Am. J. Obstet Gynecol.*, **199**, 660e-1-5 （2008）.
11） NAMEの会編：哺乳類の発生工学．ソフトサイエンス社 （1984）.
12） 菅野純夫・鈴木 穣監修：次世代シークエンサー．秀潤社 （2012）.
13） 榊 佳之ら編：ゲノム・医学生命科学研究総集編 （実験医学増刊 Vol.31 No.15）．羊土社 （2013）.
14） Takeo, S. et al.：*Mol. Reprod. Dev.*, **80**, 508-521 （2013）.
15） 中戸隆一郎ら：実験医学, **30**（6）, 976-982 （2012）.
16） Kobayashi, H. et al.：*PLoS Genet.*, **8**, e1002440 （2012）.
17） Kobayashi, H. et al.：*Genome Res.*, **23**, 616-627 （2013）.

索　　引

欧　文

β ガラクトシダーゼ　113
BAC　108
bFGF　139
β-geo　114

Cas9 ヌクレアーゼ　125
ChIP-Seq　194
c-Myc　150
CpG サイト　194
Cre リコンビナーゼ　111
Cre-*loxP*　111
CRISPR/Cas　123,191

D-ループ　105
De Novo シークエンス　192
DMSO　48
DNA 含量　75
DNA 脱メチル化　17,89
DNA メチル化　15
DNA リガーゼ　105
DT-A　109

EC 細胞　122,133
EG 細胞　10,122,142,170
ELSI　84
EpiS 細胞　139
ES 細胞　101,103,119,134,
143,181
ET　28

FISH 法　77
floxed 細胞　112
floxed マウス　129
Flp-*FRT*　111
FRT　111

Glis1　151
GM 動物　94
GS 細胞　90,119,170

HDACi　161
Hoechst33342　78
HSV-tk　109
hygro　109

ICM　134,143
ICSI　84
IKMC　117
iPS 細胞　119,144,164
IVC　28,33
IVF　28,32
IVG　28,34
IVM　28,30

Klf4　150
KO 動物　118
KSR　147

LAMP 法　81,181
LIF　135,147,187
lincRNA　194
loxP　111,129

MAPK シグナル　147
mGS 細胞　119
miRNA　194
MPF　63

Nanog　136,151
NCBI　108
neo　109
NHEJ　123
non-coding RNA　194

Oct3/4　135,150

PAM ドメイン　126
PCR 法　81,181
PECAM1　137
PGC　153
Piggy Bac トランスポゾン
102
PLC ゼータ　63
puro　109
PVP　37

Rosa26 遺伝子座　113
ROSI　84

Sleeping Beauty　102
Sox2　136,150
SSEA-1　137

TALEN　123
Tol2 トランスポゾン　102

Wnt/カテニンシグナル　147

X，Y 精子の選別　77
X，Y 精子の判別　75

X，Y 精子の分離 74

ZFN 123

ア 行

アルカリフォスファターゼ活性 153
アルギン酸ゲル 175
アンドロステンジオン 38

異種移植 96
異種卵 179
1 次精母細胞 84
1 次卵胞 29
遺伝子改変動物 94
遺伝子ターゲティング 106, 119, 154
遺伝子導入 182
遺伝子ノックアウト 94, 106
遺伝子ノックアウト家畜 101
遺伝子ノックアウト動物 118, 182
インプリント遺伝子 67

ウイルスベクター 100
ウイルスベクター法 101

栄養膜 7
5′→3′ エキソヌクレアーゼ活性 105
エストラジオール-17β 38
エチレングリコール 51
エピゲノムスシークエンス 192
エピジェネティック 89, 159
エピジェネティック修飾 13, 100
エピブラスト 136, 153, 187
エレクトロポレーション 100, 110
塩基性線維芽細胞増殖因子 139
円形精子細胞 84

オフターゲット作用 124

カ 行

害獣の増殖抑制 97
ガイド RNA 126
外来遺伝子 94
加温 49
核移植 143, 156, 178
核ドナー細胞 100
ガラス化保存 47, 177
顆粒膜細胞 28
カルシウムオシレーション 63
環境化学物質 45

器官形成期 41
器官培養 35
奇形腫 148
キメラ形成能 149
キメラマウス 134, 144
ギャップ結合 29

組換えタンパク質 183
グラーフ卵胞 29
グリセリン 48, 51
クローン 156, 178
——の異常 159
クローン ES 細胞 163
クローン個体 100

ゲノムインプリンティング 14, 67, 89
ゲノム編集 94, 185
原因遺伝子 95
原始卵胞 28, 34, 175
減数分裂 28, 105, 168
原腸期胚 7
顕微授精 83, 99, 175

コアヒストン 23
抗体 81
国際ノックアウトマウスコンソーシアム 117
コヒーシン 172
コラーゲンゲル 175
コロニー 147
コンカテマー 98
コンディショナル KO 動物 118, 128
コンディショナルノックアウト 110
コンベンショナルノックアウト 107

サ 行

催奇形性 41
再クローン技術 163
再生医療 164
細胞傷害 50
細胞分化阻害剤 147
サイレンシング 101, 148
三胚葉 148

雌核発生胚 65
始原生殖細胞 10, 89, 153, 170, 181, 186
システムエンジニア 194
システム生物学 190
雌性前核 97
次世代シークエンサー 192
疾患モデル 96
自動送気型回転式胎仔培養装置 42
ジフテリア毒素 A フラグメント遺伝子 109

脂肪滴　53
ジメチルスルホキシド　48
雌雄産み分け　73
集合法　120
宿主ゲノム　99
受精　4
受精能獲得　4
受精卵　33
初期化　135
初期胚　4,5,33
植氷処置　59
人為的活性化　63
ジンクフィンガーヌクレアーゼ　123
神経管　8
人工多能性幹細胞　119,144,164
人工ヌクレアーゼ　119
伸長精子細胞　84
ジーントラップ　113

スクロース　51

精原幹細胞　90
精原細胞　170
精細胞　83
精子完成　2
精子形成　2
精子細胞　176
精子発生　2
精子ベクター法　99
成熟促進因子　63
生殖幹細胞　90,119,170
生殖細胞　2,149
生殖巣堤　9
性腺刺激ホルモン　30
成長ホルモン遺伝子　95
性判別　180
生理活性タンパク質　96
脊索　8

セルソーター　180
前核注入法　97
全ゲノムクロマチン免疫沈降シークエンス　194
全ゲノムシークエンス　192
染色体　75
全トランスクリプトームシークエンス　192
全胚培養　41
選別精液　78

相同組換え　103,119
早発卵巣不全　172
組織培養　36

タ　行

体外受精　28,174
体外成熟　28
体外発育　28
体外発生培養　28
体細胞核移植　100
体細胞クローン　11,168
体節　8
ターゲットリシークエンス　192
ターゲティングベクター　107
多精子受精　5
脱落膜　43
多能性　133,143
多能性幹細胞　97,143,148,169,181
多能性生殖幹細胞　119
ダブル KO 動物　129
多分化能　149
単為発生　62

チミジンキナーゼ遺伝子　109
着床　6
中腎　9
注入法　120
中胚葉　44
超低温保存　47
直鎖状二本鎖　98
沈降法　74

2i　147

低分子阻害剤　139
テラトカルシノーマ　133
テラトーマ　133,148,169
テロメア　159
電気泳動法　74

凍害保護物質　48
凍結保存　47,177
透明帯反応　5
ドナー　156
トランスジェニック家畜　95
トランスジェニック動物　91,94
トランスジーン　94
トランスポゾン　101
トランスレーショナルリサーチ　154
トリプル KO 動物　129

ナ　行

ナイーブ型　140,151,169,182
内部細胞塊　8,134,143

2 次精母細胞　84
二重鎖切断　105,123
2 次卵胞　29
二倍体化処理　65
二母性胚　68

ネオマイシン　109

ネガティブ選択　109

ノックアウト　94,106
ノックアウト動物　118,182
ノックイン　113
ノックイン動物　128
ノックダウン　115

ハ　行

胚　33,47
　——の性判別　80
バイアレリック　120
胚移植　28
バイオインフォマティクス　195
バイオハザード　10
バイオリアクター　96
胚芽形成期　42
ハイグロマイシン　109
胚性幹細胞　101,103,119,134,143,181
胚性ゲノム活性化　6
胚性腫瘍細胞（胚性がん腫細胞）　122,133
胚性生殖細胞（胚性生殖幹細胞）　10,122,142,170
胚盤胞　33
胚盤胞期胚　143
胚葉　7
胚様体　148
バクテリア人工染色体　108
パーコール　74
発がん遺伝子　95
白血病抑制因子　135
発生速度　82
ハムスターテスト　84

ヒアルロン酸　32
ピエゾマイクロマニピュレーター　87
非コード RNA　194
ヒストン　22
非相同末端結合　123
ヒポキサンチン　37
ピューロマイシン　109
表現形　101
氷晶形成　49

フィーダー細胞　145
プライム型　140,151,169,182
フラクチャー傷害　57
フリーズドライ精子　88
フローサイトメーター　74
フローサイトメトリー　74
1,2-プロパンジオール　51
プロモータートラップ　114

ヘリカーゼ・ヌクレアーゼ活性　105

胞状卵胞　29
ポジティブ選択　109
ポリ A トラップ　114
ホリディ構造　105
ポリビニルピロリドン　37

マ　行

マイクロ RNA　149
マルチプル KO 動物　129

密度勾配遠心法　74

無担体電気泳動法　74

モザイク状　99
モノアレリック　120

ヤ　行

薬剤選択　109

融解　49
雄核発生胚　65
雄性前核　97

四倍体胚補完法　120

ラ　行

ライブセルイメージング　189
卵黄嚢　10
卵黄ブロック　5
卵丘細胞　32
卵細胞質内精子注入法　84
卵子　27,47
卵子形成　3
卵子細胞質置換　171
卵成熟　3
卵巣組織　177
卵胞　29
卵母細胞　27,34
　——の発育　28

リプログラミング　135,143,159
リプログラミング因子　144
リポフェクション　100
リンカーヒストン　23

レシピエント　157
レトロウイルス　144
レトロウイルスベクター　101
レンチウイルスベクター　101

編著者略歴

佐藤英明《さとうえいめい》

1948年　北海道に生まれる
1974年　京都大学大学院農学研究科
　　　　博士課程退学
現　在　東北大学名誉教授
　　　　農学博士

河野友宏《こうのともひろ》

1953年　東京都に生まれる
1982年　東京農業大学大学院農学専攻
　　　　博士後期課程修了
現　在　東京農業大学生命科学部教授
　　　　農学博士

内藤邦彦《ないとうくにひこ》

1957年　山梨県に生まれる
1986年　東京大学大学院農学系研究科
　　　　博士課程修了
現　在　東京大学大学院農学生命科学
　　　　研究科教授
　　　　農学博士

小倉淳郎《おぐらあつお》

1960年　東京都に生まれる
1987年　東京大学大学院農学系研究科
　　　　博士課程修了
現　在　理化学研究所バイオリソース
　　　　センター室長
　　　　農学博士

哺乳動物の発生工学　　定価はカバーに表示

2014年4月5日　初版第1刷
2022年1月5日　　　第6刷

編著者　佐　藤　英　明
　　　　河　野　友　宏
　　　　内　藤　邦　彦
　　　　小　倉　淳　郎
発行者　朝　倉　誠　造
発行所　株式会社　朝　倉　書　店
東京都新宿区新小川町 6-29
郵便番号　162-8707
電話　03(3260)0141
FAX　03(3260)0180
http://www.asakura.co.jp

〈検印省略〉

ISBN 978-4-254-45029-3　C 3061